潜龙一号
COSCO SHIPPING
CSSC

作者简介

董淑亮

著名科普作家，中国科普作家协会会员，江苏省首席科技传播专家。出版《美人鲨》《科学小院士·童话里的科技馆》《语文课里的科学秘密》等图书130多部，共计1000多万字。代表作有《挂在太空的鸟巢》《董老师讲故事》《螺壳上的日历》《大树·小草·春天》等。作品获共青团精神文明建设“五个一工程”奖、福建省优秀科普作品奖、江苏省优秀科普作品奖、冰心儿童图书奖、上海好童书等，入选国家“十二五”重点图书规划项目、“全国中小学图书馆（室）推荐书目”等。

写给孩子的发明史

足行千万里

董淑亮 著

長江出版傳媒 | 长江少年儿童出版社

图书在版编目（CIP）数据

足行千万里 / 董淑亮著 . -- 武汉 : 长江少年儿童出版社 , 2024.6
（“偷懒”的人类 · 写给孩子的发明史 ）
ISBN 978-7-5721-2445-7

Ⅰ . ①足… Ⅱ . ①董… Ⅲ . ①创造发明 – 技术史 – 世界 – 少儿读物
Ⅳ . ① N091-49

中国国家版本馆 CIP 数据核字 (2024) 第 025245 号

“偷懒”的人类 · 写给孩子的发明史 | 足行千万里
TOULAN DE RENLEI XIE GEI HAIZI DE FAMING SHI | ZU XING QIANWAN LI

出 品 人：何 龙
策 划：姚 磊 胡同印
执行策划：辜 曦
责任编辑：辜 曦 陈 莎
美术编辑：徐 晟 王 贝 董 曼
封面绘图：夏 曼 吴秋菊
内文绘图：夏 曼 夏 婷 何 苹
责任校对：邓晓素
督 印：邱 刚 雷 恒

出版发行：长江少年儿童出版社
地 址：湖北省武汉市洪山区雄楚大道 268 号出版文化城 C 座 12、13 楼
邮政编码：430070
网 址：http：//www.cjcpg.com
业务电话：027—87679199
承 印 厂：武汉精一佳印刷有限公司
经 销：新华书店湖北发行所
开 本：720 毫米 ×1000 毫米 1/16
印 张：9.25
字 数：120 千字
版 次：2024 年 6 月第 1 版
印 次：2024 年 6 月第 1 次印刷
书 号：ISBN 978-7-5721-2445-7
定 价：35.00 元

发明创造，是为了让生活更美好

许多发明的诞生，都是为了让生活更美好。发明创造的历史，本身就是科学史的一部分。这些发明创造，是推动人类文明进程的关键。阅读发明创造故事，领略科学家发明创造的智慧，是一次有趣的科学之旅。星星点点的智慧火花，将更好地照亮孩子学科学、爱科学、用科学的人生前程。

在人类漫长的进化史上，聪明的人类总是通过发明创造，让生活变得越来越舒适和安全，当然，我们也可以说发明的出发点可能是为了“偷懒”。至关重要的是，人类在认识事物、探索未知世界的过程中，能勇于实践，大胆想象，在锲而不舍的努力中，一步一步地走向成功。

为了让眼睛看得更清楚，人类发明了眼镜、显微镜、望远镜、照相机、夜视仪……这些发明不是一蹴而就的，而是由一代又一代人不断地改进，经过漫长的努力与辛勤的劳动，才会不断孵化出来，从而使我们的眼睛看得更清、更远，生活变得更好。

为了让嘴巴获得更香、更甜美、更丰富的食物，人类做了许多努力。从主食到副食，包括果腹的美餐、可口的饮料，还有奇妙的食物储存、未来食品……一路走过来，处处皆学问。这里有许多绝密档案，翻开书就会获得这些知识。

为了让声音传得更远、更快，让声音更好听，让声音保存得更好，与耳朵有关的一系列发明创造诞生了：从最早的听诊器，到电报机、电话机、手机，以及录音机、收音机，还有各种各样的乐器，甚至集眼睛和耳朵的功能于一身的雷达……一句话，对人类的耳朵来说，声音永远充满了神奇的诱惑力，正是这种诱惑力催生了无数重要发明。

为了让手更有力、更准确、更灵活，让手从托、举、拉、推等“苦役”中解放出来，诞生了与手有关的一系列神奇发明：从人类最早对力的认识开始，有了笔、刀、针、枪，以及与火相关的能源，每一步都是小小的，可是聚沙成塔，“偷懒”的人类越走越远……一句话，人类靠双手彻底改变了世界。

为了让双脚走得更远、更快，登得更高，潜得更深，人类发明了鞋子，自行车、汽车、火车，轮船、潜艇，飞机、宇宙飞船……人类啊，依靠双脚勇闯世界，实现了“可上九天揽月，可下五洋捉鳖”的辉煌梦想。

人类总是不甘于眼前的生活，于是，有了这些改变世界的伟大发明创造。这是一套写给孩子的另类发明史。它打破学科壁垒，以妙趣横生的故事，以人类身体功能延伸的独特视角，呈现人类重大发明诞生的全景，为孩子展现人类文明长河中波澜壮阔的科技画卷，让孩子以广博的视野看世界，洞见科学家为造福人类不懈追求，能增加孩子们的想象力与创造力，拓展他们的思维方式，激发其对科学的求知欲和探索精神……

2023 年 4 月 23 日

目录

第四章 飞行器 / 75

第五章 足下运动 / 101

第六章 路 / 121

第一章　鞋

保护人类的脚，
让双脚跋山涉水，走得更远

鞋是脚的好朋友。鞋子，对脚来说，就是它御寒的外套、抵挡荆棘的盾牌。那么，什么人发明了鞋？谁知道鞋的“前世今生”？那些与鞋子有关的发明创造，悄然而深刻地影响着人类的服饰文化，似乎在告诉人们，脚也是不容忽视的……

如果用直立行走来分辨人猿，人类生活在地球上已有几百万年，这个时间长度与地球的约46亿岁相比，只不过是很短的一段时间呀！在原始的地球环境中，最早的原生动物进化为多细胞的无脊椎动物，进而出现脊椎动物。两栖动物是最早登上陆地的脊椎动物。由两栖动物衍生出爬行动物、哺乳动物，又出现了古猿，一部分古猿最终进化为人类，人类就这样诞生了。

人类可以直立行走后，双脚对人类来说可重要了，去哪里都要依靠双脚。

人类不断地自我革新、大胆地探索尝试，给脚赋予了不同的使命，并不断地从脚的功能延伸去进行发明创造。

1. 认识一下你的脚

看了这个小标题，许多读者可能会问：咦，脚有什么值得认识的？不就是用来走路的吗？ 有些读者知道，脚的最前方是足趾，最后方是足跟，足拇趾一侧为内侧，足小趾一侧为外侧，下面是足底、足弓，上面是足背。脚由皮肤、韧带、汗腺、血管、神经、肌肉和骨骼等部分构成。嗯，你讲的没错。可是，对人体来说，脚承担的责任和压力，并不为人所知，由于司空见惯，很多人根本想不到脚在默默地为身体做贡献。

脚，是人体最下部接触地面的部分，是人体重要的负重器官和运动器官，可以说，是最“接地气”的。同时，脚在离心脏和大脑最远的位置，是气血和神经传导较难到达的器官。为了弥补这一不足，脚上的血管能按步行动作中脚形的变化进行伸缩，从而促进血液循环。读了这段话，你就知道脚有多么重要了吧。

脚的小秘密

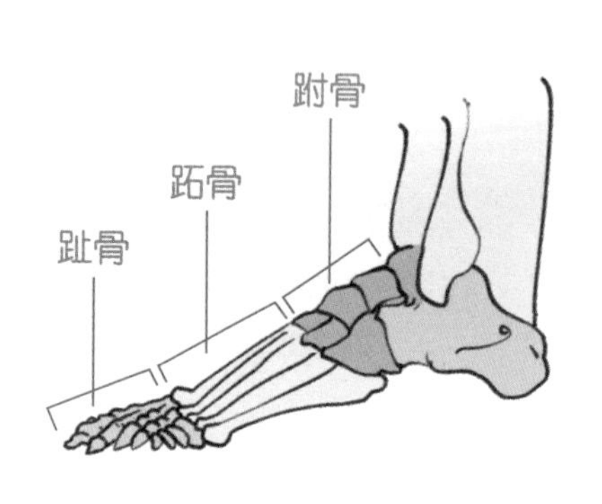

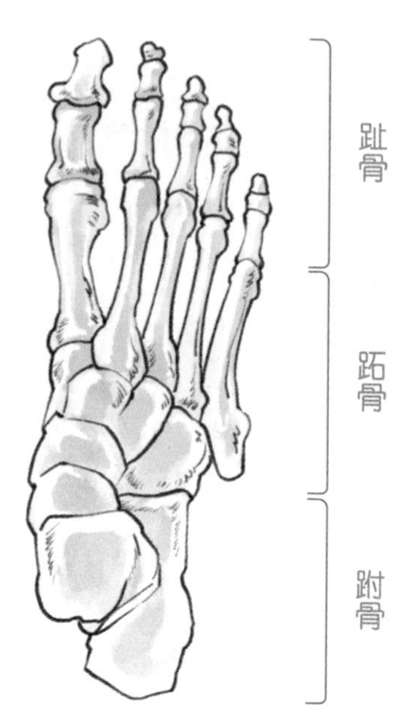

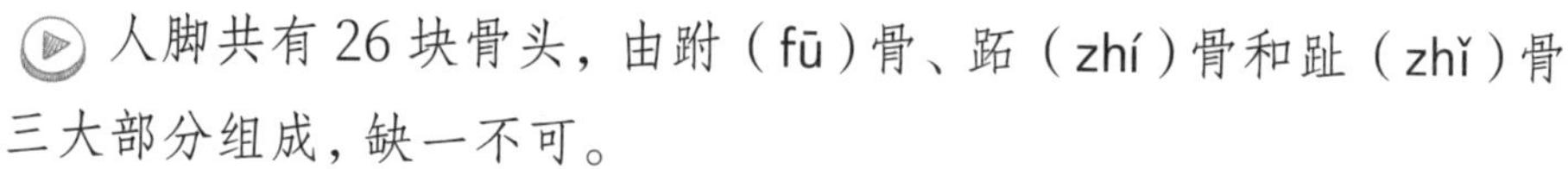

人脚共有 26 块骨头，由跗（fū）骨、跖（zhí）骨和趾（zhǐ）骨三大部分组成，缺一不可。

其中，跗骨由 7 块骨头组成，它负责直接承受人的体重。人体大约 50% 的重量都落在脚跟呢。跖骨由 5 根长骨组成，它位于跗骨和趾骨之间，可以传递身体部分重量至前掌。趾骨由 14 块小骨组成，能承受体重和平衡身体，以及抓着地面不致身体倾斜。

脚的底部呈弓形结构，坚固又有弹性，使脚可以承受较大压力。嘿，这种结构多么精巧！

脚上的韧带，是全身中弹性最强的韧带。脚承受体重时，韧带就会伸长，没有外力作用则恢复原状，具有弹簧般的功能，真是好样的！

知识链接 动物奇奇怪怪的脚

虎、熊、狮等动物的前足，都长着五根脚趾，在趾前有尖甲。行走时，它们将尖甲藏在肉垫里，捕食猎物时立即将尖甲伸出来。

猴子攀缘、行走、奔跑的时候，四肢都能派上用场。它的前爪类似于人的手，可以抓握物体。

狗的前爪拇趾碰不到地面，后脚拇趾已经完全退化。它的脚爪是一直伸在脚趾外的，这能够增强脚的抓地力，让狗跑得更快。

鸵鸟看上去很笨拙，其实不然。它的脚趾下长着肉垫。鸵鸟十分擅长在沙漠和平地奔跑。

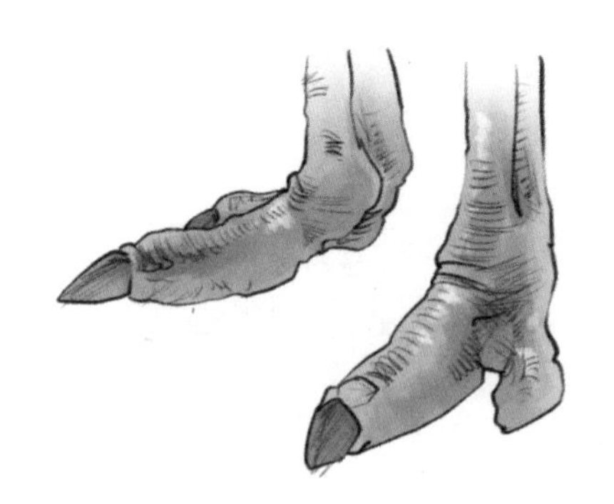

昆虫有 6 只脚，比如蜜蜂；蜘蛛有 8 只脚。可以说，世界上脚最多的节肢动物是马陆，也叫千足。生活在美洲巴拿马山谷里的一种马陆，全身有 175 节，共有 690 只脚呢。这么多脚，还真是吓人。

蜜蜂

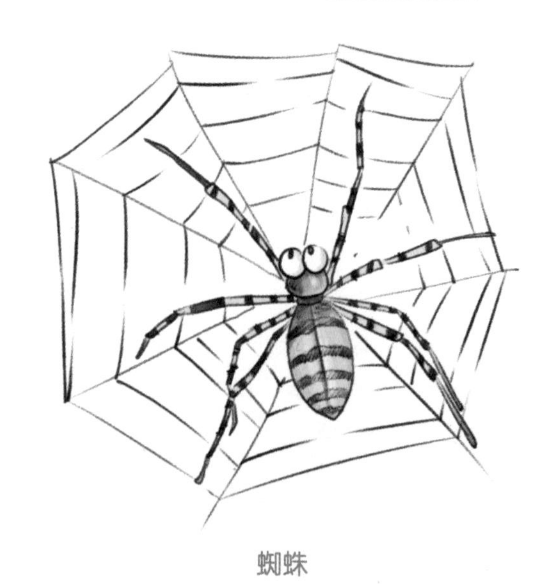

蜘蛛

2. 用牛皮来铺路的国王

谁能用牛皮来铺路？是不是太奢侈？不急，这只是一个有趣的传说。

很久以前，人们是不穿鞋的，都赤着脚走路。

有一次，一位国王准备到一个遥远的地方去旅行。可是天公不作美，偏偏下起了倾盆大雨，这件事就只能搁置了。

几天后，一个阳光明媚的日子，国王便带着随从，按原计划出发了。路面被一些动物踩了很多脚印后变得崎岖不平，经过阳光暴晒，就如同狼牙一般，又加上许多碎石头，国王的脚被硌得非常痛，他边走边唉声叹气，叫苦不迭。

回到王宫后，他迫不及待地召集众多大臣，开了一个紧急会议，并下了一道命令，要将全国所有的道路都铺上一层牛皮。

“陛下，这是为什么呢？”大家迷惑不解。

“这还用问吗？ 这是为了造福人民，让他们走路时，不再受硌痛之苦。”国王解释说。

大臣们都感到为难：就是杀尽国内所有的牛，也筹措不到足够的皮革呀，况且要动用多少人力啊！

这时，一位聪明的大臣，大胆地向国王提出建议：“陛下，我有一个办法，既不用兴师动众，又不用宰杀许多牛，浪费不必要的人力财力。”

“你说说看。”国王赶紧说。

“用两小块牛皮把您的脚包起来，不就可以了吗？”

“对，好办法。”国王立即收回命令，采纳了这个建议。

从此，世界上就有了“皮鞋”。

其实，谁是真正发明皮鞋的第一人，我们已经无法考证了。不过，专门为脚发明的鞋子，有着悠久的历史。考古学家发现，4 万多年前的中国古人类已开始穿鞋——用兽皮来包裹脚。公元前 5000—前 3000 年的仰韶文化时期，我国就出现了兽皮缝制的鞋。人类是先穿皮鞋、后穿布鞋的哟。

知识链接　古代的鞋子

我国新疆若羌出土了一双羊皮女靴。这双女靴已有约 4000 年的历史，整只靴子是由靴筒和靴底两个部分组成的。

战国时的孙膑由于被庞涓的手下敲碎了膝盖骨，不能行走，为了让自己能站立行走，就用破皮革裁制成高筒皮靴。

宋代普遍流行穿皮鞋，男性多穿小头皮鞋，女性多穿圆头、平头或翘头皮鞋，上面还装饰着各式花鸟纹样。

穿鞋子好，还是不穿鞋子好？

脚是易变形的人体部位。正确穿鞋能预防脚受伤，让我们可以走得又快又远。因此，要想少受罪，还是穿双合脚的鞋子吧。

3. 发明溜冰鞋的人

世界真是无奇不有。19 世纪，美国人詹姆斯·普利姆普顿给鞋子装上了轮子，之后，这种鞋子风行全球。

1863 年的一天，詹姆斯又一次来到了滑冰场。

“为什么老想来滑冰场呢？到处溜达溜达不也是一种快乐吗？”冬天的一个早晨，朋友突然拍了一下站在滑冰场边发呆的詹姆斯说。

詹姆斯是美国的一名公务员，每天都埋头在文书工作中，感觉非常枯燥无味。对他来说，只有节假日去滑冰场滑冰，才是最开心的事。

詹姆斯的收入微薄，常常使他感到经济拮据。冬天，冰天雪地，他可以免费滑冰，可是到了春天，冰融化后就没法滑了。怎么办呢？詹姆斯望着滑冰场冥思苦想……这时，朋友说的一个“溜”字，使他眼前一亮，产生了灵感：“想个办法在马路上溜来溜去，不同样有乐趣吗？”

一次，詹姆斯去商店买东西。玩具柜上的玩具汽车，让他受到启发，他想：要是在鞋底安装滚轮，在地面上不也能溜来溜去了吗？詹姆斯非常高兴，回家后马上动手做了起来。他将每只鞋底装上前后两组共四个轮子，并用两根轴将轮子穿起来。

样品做好后，他穿在脚上，在水泥路面上试验，可以做转弯、前进和后退的各种动作，效果很好，居然找到了在滑冰场上的那种感觉。他将这种带滚轮的鞋命名为“溜冰鞋”，并向专利局申报了发明专利。

之后，詹姆斯发明的这种双排溜冰鞋风靡了全世界。1884 年，美国的理查德森将溜冰鞋装上了滚珠轴承，使溜冰鞋又得到进一步发展。1980 年，美国两位冰球爱好者为了在冬季之外的时间也能练习，发明了第一双单排溜冰鞋。

知识链接 溜冰鞋正式发明之前

早在约 1100 年，猎人们为了在冬天便于打猎，将骨头绑在鞋子下面，这应该是溜冰鞋的雏形。

1760 年，伦敦乐器制造商乔赛夫·马林发明了一双带轮子的溜冰鞋，鞋上的轮子很小，由金属制成。遗憾的是，这种鞋子没有流行起来。

1819 年，曼西尔·彼提博发明了一种溜冰鞋。这种鞋用木块做鞋底，下面装轮子，轮子排成一条线。由于每个轮子大小不同，穿上这种鞋只能向前溜，其实用性不强。

轮滑运动是怎么一回事？

穿着带小滑轮的溜冰鞋、在坚硬的场地上滑行的竞技运动，就是轮滑运动，又被称作滑旱冰。轮滑运动起源于1760年，是比利时的若瑟夫·梅兰发明的。这项运动已经有260多年的历史了。

1884年，英国首次举办了全国轮滑锦标赛。1892年，国际轮滑联盟在瑞士成立。这标志着轮滑运动向正规化、国际化迈进。1908年，英国修建了当时世界上最大的轮滑场。

20世纪初，轮滑运动流行于美国和欧洲。1910年，欧洲开始出现了轮滑球赛。

1924年，国际轮滑联合会成立，总部设在西班牙的巴塞罗那市。瞧，轮滑运动就这么走向世界了。

4. 吃章鱼与凹形鞋

为了脚能够更好、更快地运动，世界上诞生了各种各样的鞋子。其中，有一种凹形鞋的发明，竟然与吃章鱼有着密切的关系呢。

20 世纪 50 年代，体育运动正在日本兴起，市场上各种各样的运动鞋成了热销商品。当时，一个名叫鬼冢喜八郎的人，很会捕捉商机。他看着运动鞋的需求量越来越大，心想：要是制造出一种独特的运动鞋，一定能占领市场。

他又想：自己身单力薄，一无人力，二无财力，怎么能和实力雄厚的大公司竞争呢？后来，一件小事给了他启发。

有一次，他应朋友之邀，去观看一场篮球赛。他询问了球员们运动鞋还存在哪些缺点，以及对运动鞋有什么要求。球员们一致认为，现在的运动鞋止步不稳，防滑性不好。他想：对，集中目标，就专门研究篮球运动鞋，增强它们的防滑功能吧。

为了体验各种鞋的效果，他还经常和球员们一起打篮球。他发现球员穿着这些鞋运动时，不方便随时止步，以致投篮不准。他便对各种运动鞋的鞋底进行了细致研究。

鞋底的花纹能增加防滑性，采用怎样的鞋底花纹，鞋子才能足够防滑呢？ 他整天苦思冥想，四处走访，甚至对汽车轮胎也做了一番研究。可是几个月下来，他也没想出什么好办法，心里非常苦恼。

一天中午，他来到一家海鲜馆，点了一盘章鱼。在吃章鱼时，他发现章鱼的腕足上长着吸盘。这时，他眼前忽然一亮：把鞋底做成吸盘式的，不就可以足够防滑了吗？

后来他了解到，乌贼、水蛭等动物的身上都有吸盘，依靠吸盘，它们可以附着在其他动物身上。他对动物身上的吸盘有了足够的认识以后，决定模仿动物的吸盘，制造一种新式运动鞋。

鬼冢喜八郎对市场进行了调研，发现篮球运动鞋的鞋底大多是平的，这可能就是打滑的重要原因。于是，他在鞋底加入了类似吸盘的凹陷设计，这样的鞋穿起来就会稳得多。经过他的反复试验，凹形运动鞋终于制成了。

凹形运动鞋问世后，深受广大篮球运动员的欢迎，并且非常畅销。

知识链接 运动鞋小史

1839 年，美国人发明了橡胶硫化技术。1868 年，第一双帆布面橡胶底轻便运动鞋在美国诞生。这种鞋的鞋帮下的橡胶边，很像轮船四周防止超载的吃水线呢。

1911 年，运动鞋的前掌由原有的平板底改为皱纹胶底。虽然当时制胶工艺不完善，橡胶底质量很差，但这仍是一大进步。

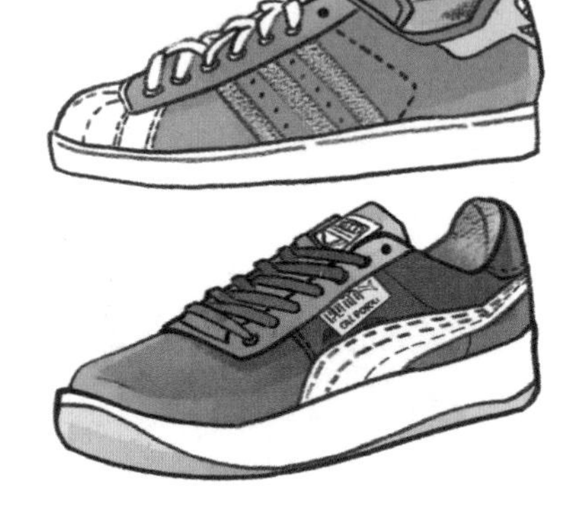

1924 年，阿道夫·达斯勒和鲁道夫·达斯勒两兄弟在德国设厂生产运动鞋。后来，他们分道扬镳，各自创立了“阿迪达斯”和“彪马”运动鞋品牌。

1951 年，一名日本运动员穿着鬼冢虎运动鞋，在波士顿马拉松比赛中夺冠，扩大了这种运动鞋的知名度。之后，日本又推出了全尼龙帮面的运动鞋。

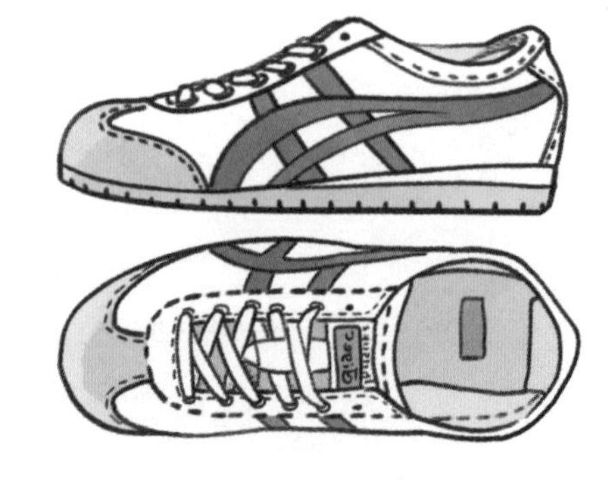

各种样式的运动鞋

想一想 章鱼的“脚”有多厉害？

有人认为：

章鱼的“长脚”叫腕，具有很强的再生能力。章鱼遇到敌人时，如果腕被对方牢牢地抓住，它就会自动舍掉腕，自己往后退一步，让蠕动的断腕来迷惑敌人，自己趁机溜之大吉。

还有人认为：

章鱼的腕上长满了吸附力很强的吸盘。利用这八条腕和腕上的吸盘，章鱼可以捕食虾、蟹、贝等动物。

小博士说

这两种观点都是正确的。章鱼的腕断掉后，伤口处的血管就会极力收缩，使伤口迅速愈合，因此伤口是不会流血的，不久就能长出新腕。章鱼在捕食时，先用腕把猎物团团围住，然后注入麻痹神经的毒素，使猎物失去反抗能力。

5. 显露魅力的高跟鞋

高跟鞋问世后，一直受到爱美女性的青睐，高跟鞋能为人体增添美感。高跟鞋在张扬女性魅力方面功不可没，却也常常带来痛楚，因此人们说穿高跟鞋是“痛并快乐着”。

关于高跟鞋的发明和兴起，有多种说法。

第一种说法是，高跟鞋诞生于18世纪的法国。当时宫里有许多年轻貌美的宫女。由于宫廷生活单调，她们耐不住寂寞，常常溜到宫外玩耍。国王路易十四颁布了一系列宫廷禁令，却丝毫没有效果。这时，有人向路易十四献计，让鞋匠设计一种鞋跟很高的鞋子，整治那些爱跑爱跳的宫女。刚开始，宫女们穿上高跟鞋叫苦连天。然而，经过一段时间的练习，宫女们又行走自如了，而且她们发现穿高跟鞋能使人更显亭亭玉立、优美动人，竟然都喜欢穿高跟鞋了。后来，巴黎的时髦

穿高跟鞋的路易十四

女性也穿上了高跟鞋，由此带动这一风尚流行开来。

还有一种说法，同样与路易十四有关。据说，身材矮小的路易十四为了令自己看起来更高大，命令鞋匠为他特制了一双高跟鞋，并把跟部漆成红色，以示身份尊贵。想不到，大臣们见了，纷纷模仿，穿高跟鞋也就蔚然成风。

第三种说法是，高跟鞋起源于威尼斯。15 世纪的一个威尼斯商人娶了一位美丽迷人的女子为妻，商人经常出门做生意，担心妻子会外出玩乐，为此十分苦恼。后来，商人请人制作了一双后跟很高的鞋子。商人认为，在威尼斯这座以船为主要交通工具的水城，妻子穿着这样的鞋子，就无法在跳板上自在地行走，便会待在家里。令人意外的是，他的妻子穿上这双鞋子，感到十分新奇，在用人的陪伴下，上船下船，到处游玩。穿着高跟鞋的她更加婀娜多姿，时髦的女士们见了，争相效仿。

各式各样的高跟鞋

19 世纪，高跟鞋的流行样式反复变化，它已成为女性的专属鞋。20 世纪初，设计师开始尝试把凉鞋与高跟鞋结合，设计制作出优雅的晚宴高跟凉鞋。20 世纪 50 年代，钢钉技术改革了高跟鞋，设计师因而设计出令女士又爱又恨的尖细鞋跟。当年，美国明星玛丽莲·梦露曾说：“虽然我不知道谁最先发明了高跟鞋，但所有女人都应该感谢他，高跟鞋对我的事业有极大的帮助。”此话是关于高跟鞋的名言。

知识链接 我国古代有高跟鞋吗？

在我国的六朝时期已有高跟木屐（jī）。木屐是以薄木板作为鞋底，将两块木片插在底板下作为屐齿的鞋子。

在我国古代北方游牧民族中，人们喜爱穿马靴和高筒靴，其实它们也是一种高跟鞋。这种靴的样式非常多，有旱靴、花靴、皮靴、毡靴、单靴、棉靴、云头靴、鹅顶靴等。

清朝穿高跟鞋的大多为宫廷女子。这些宫廷高跟鞋跟高多为5～10厘米，据说最高的可达25厘米。妇女们穿着高跟鞋款款而行，特别引人注目。

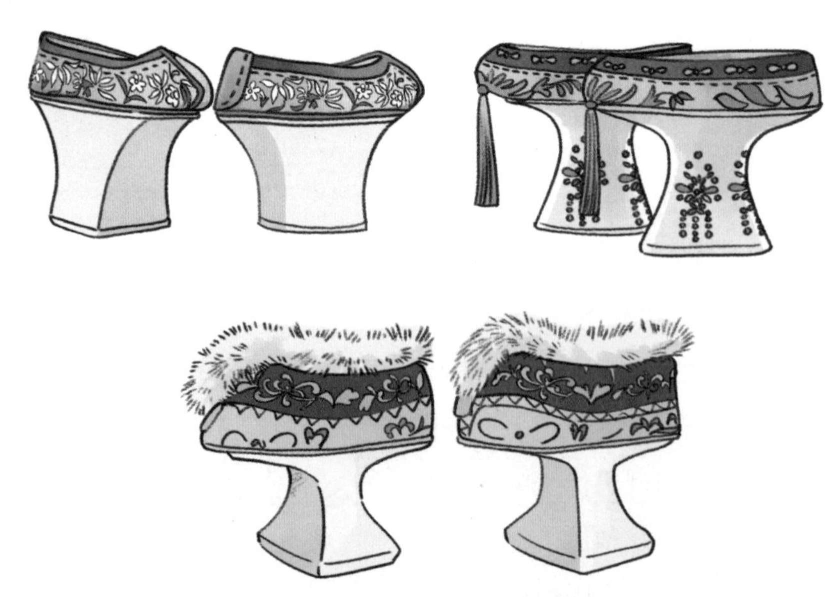

清朝妇女的高跟鞋

6. 迷人的“第二层皮肤”

鞋子与脚的关系可谓亲密无比。为了保护脚、让脚更舒适，长短不同、厚薄不一的袜子也是必不可少的。作为袜子的一种，丝袜曾被爱美的女性誉为“第二层皮肤”。丝袜的发明故事，也值得我们好好地书写。

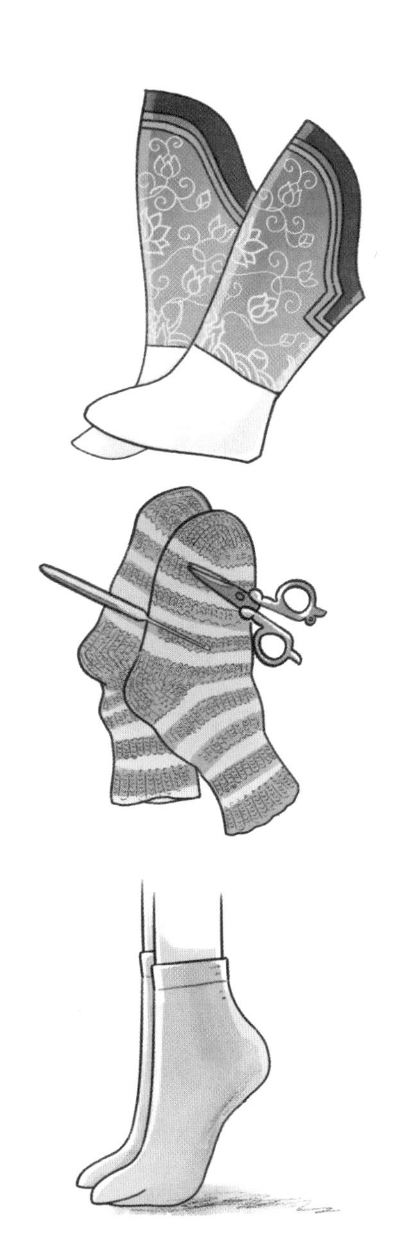

袜子的历史很悠久。古代的袜子称“足衣”或“足袋”，那是缠在脚上的细带子或能够遮盖脚面的布条子。据说，古罗马时代，妇女的脚上和腿上都缠着细带子，直到中世纪，欧洲妇女才用布条替代细带子。

16 世纪时，西班牙人把连裤长袜与裤子分开，并开始采用编织的方法来编织袜子。后来，英国人威廉·李从他妻子做的手工编织工作中受到启发，对针织机械进行研究，于 1589 年发明了世界上第一台手工针织机，用以织制毛裤。1598 年，可以生产较为精细丝袜的针织机诞生了，彻底改变了袜子用手工制造的历史。不久，法国人富尼埃在里昂开始生产丝袜。那时用来做袜子的材料有棉花、羊毛、生丝等。用这些材料编织出来的袜子没有弹性，松松垮垮的，根本无法展示女性腿部的优美线条。

1939 年，杜邦公司生产的世界上第一双尼龙丝袜问世，立即引起了轰动，随后风靡全球，时尚女性争相购买。

尼龙丝袜的发展无疑是袜子发展史上的一个里程碑。时至今日，随着丝袜面料的不断革新，它在服装的整体搭配中仍占有一定地位：它不仅能保护腿、足部的皮肤，掩盖皮肤上的瑕疵，还能与衣服相搭配，为女性增添魅力。

知识链接 丝袜那些事

1935 年，杜邦公司的化学家卡罗瑟斯的研究组偶然发现了一种聚合物——耐磨、质硬的细丝。这就是后来广为人知的尼龙纤维。

尼龙丝袜在 20 世纪中期大受欢迎，然而早期的尼龙丝袜有一个缺点，即弹性不足。于是，另一种人造纤维莱卡被用于丝袜的生产。这种面料具有很大的弹性，拉伸后也能紧贴人体。

20 世纪 90 年代，随着迷你裙、露趾凉鞋的兴起，透明、弹性优良的丝袜问世，无趾丝袜、喷雾丝袜等各种类型的丝袜闪亮登场。

第二章　船

让人类安全涉水，
征服江河湖海

一提起船，有人就会想起荷花丛中穿梭的小渔舟、劈波斩浪的豪华邮轮，有人会钟情于神出鬼没的潜艇、“巨无霸”航空母舰，却没有多少人会想起人类的第一只独木舟、第一艘蒸汽轮船……

地球上不仅有无边无际的海洋，还有纵横密布的河流、湖泊。人类的祖先认识到：涉水，才能走得更远。但是怎样克服水对人类出行的制约成为大难题。

我们也深知，无论肺的功能多么强大，人类也不可能吸一口气在水里潜十分钟，更不可能憋气几个小时。于是，“偷懒”的人类不得不动脑筋、想办法，为实现涉水远征的梦想，制造了各种各样的船，小到渔舟，大到航母。

各式各样的船

1. 由独木舟到帆船

“弯弯的月儿小小的船，小小的船儿两头尖。我在小小的船里坐……”我们唱起这首儿歌，自然会想起两头尖尖的船儿。

船舶作为人类的涉水工具，其历史十分悠久。大约 8000 年前，世界上有了第一条“舟”。它也许就是浮在水面上的一棵枯树。人们去掉枯树的枝叶，坐在树干上顺水漂流，远比在岸上用双脚走得省力啊！

早期独木舟的中空部分是被烧出来的。有了石斧以后，人们就用它在原木上凿出空腔，造出了独木舟。这种方法就是古书上说的“刳（kū）木为舟，剡（yǎn）木为楫”（将木头凿成舟，将木头削成桨）。我国发现的最古老的独木舟已有七八千年的历史。古埃及人发明了一种将芦苇捆扎在一起的造船方法。在哥伦布登上美洲大陆之前，独木舟是南美洲原住民唯一的船。非洲的一些独木舟还刻了花纹，如喀麦

美洲印第安人的独木舟

隆的独木舟，而同一时期的苏丹人的独木舟则比较粗糙。

后来，人们还用兽皮和树皮来做小船。火地岛的原住民会用鲸鱼须把三块树皮粗糙地连缀在一起，做成树皮船。北极圈内的猎人会做桦皮船。一些非洲部落，如苏丹中部地区的人，还会做另一种水上交通工具——木筏。再后来，皮筏诞生了。在美索不达米亚平原、非洲东北部和亚洲南部的河流上，古人把皮筏作为重要的水上出行工具。那是一种牛皮筏，把牛皮绑在有弹性的木架上，远看像一把张开的伞。在北亚地区，大皮船是用海豚皮做成的，帆既有正方形的，又有椭圆形的；船也出现了单桅和双桅的。人们还学会了将大石头或装满石头的篮子作为锚。

木质帆船

史料记载，秦国在平定南方的战争中，组织过一支能运输 50 万石粮食的大船队。

15 世纪初期的中国明朝，拥有了当时世界上最为先进的造船技术和最大的远洋船队。郑和七次下西洋，所乘坐的木质帆船，大的长度超过 100 米，排水量 2500 多吨，那是当时世界上最大的船。西方航海家迪亚士、达・伽马、哥伦布、麦哲伦等无不借助木质帆船完成了航海探险的诸多壮举。

至此，船终于从人类用来代步的一根独木，发展出了各种各样的水上交通工具，让人类得以“行到水穷处”。

关于中国古代的造船小知识

- 公元前 1 世纪，中国人就发明了橹。橹是一种使船前进的工具，外形像桨，但较大，需用双手摇动。
- 南朝时，江南的工匠已能建造载货 1000 吨的大船。为了提高航行速度，南齐大科学家祖冲之造出了装有桨轮的船，它被称为“车船”。这种船利用人力，以脚踏轮桨的方式前进，为后来船舶动力的改进提供了新思路。
- 宋朝造船修船已经开始使用船坞，这比欧洲早了 500 年。宋代的金明池（今河南开封城西）是世界上最早的船坞。
- 宋代工匠还能根据船的性能和用途，先画出船图，制造出船的模型，再进行正式施工。

2. 第一艘蒸汽轮船

早期的船多用人力或风力来航行，而真正用机械力来航行的是轮船。蒸汽轮船的发明者，是19世纪美国工程师罗伯特·富尔顿。随着新能源的发现和应用，在水上起飞的飞艇、能潜到水下的潜艇、威力巨大的航空母舰才出现。这些都是轮船的“子孙”。

名人档案馆

姓名：罗伯特·富尔顿（1765—1815）

国籍：美国

成就：著名工程师，发明家。富尔顿设计制造了第一艘用蒸汽机推进的新型船舶，并参与建造多艘轮船，被誉为“轮船之父”。

经历：富尔顿幼年丧父，9岁时才上学。富尔顿小时候非常淘气，喜欢游泳、爬树、钻山洞。他特别喜欢画画，画的画栩栩如生。可是，他的功课不好，由于太过贪玩，他常常被老师批评。不过，老师不得不承认，富尔顿很聪明，喜欢动脑子，遇到什么问题，总要打破砂锅问到底。由于有这种探索精神，富尔顿长大后才会取得一系列成就。

1787 年，22 岁的富尔顿前往英国伦敦学习绘画。有一天，英国发明家瓦特过生日，请他去画一张肖像。这样，他就结识了瓦特和其他几位发明家。了解蒸汽机的原理和作用后，富尔顿对机械技术产生了兴趣，决心当一名工程师，并把蒸汽机搬到船上作为动力。

1803 年，富尔顿来到法国巴黎，把自己想建造以蒸汽机作为轮船动力的计划呈报给后来的法兰西第一帝国皇帝拿破仑。其时，拿破仑正做着对外扩张的美梦，如果有蒸汽轮船，他就能开辟海上争霸的新格局。然而刚开始，富尔顿制造的蒸汽动力船根本不实用，试航那天，船逆水前进，还没有参观的人在岸上跑得快。更为不幸的是，这艘木质的蒸汽轮船被发动机的剧烈振动弄得体无完肤，不久就中间断裂，翻沉河底了……

富尔顿十分难过，但是没有被失败击倒，决心总结教训继续钻研。然而，拿破仑没有这份耐心，认为这一发明根本成不了气候。他哪有时间再等这样的船帮助自己对外扩张，完成帝国霸业？

富尔顿仍继续从事船舶方面的研究。一天，美国驻法国公使罗伯特·利文斯顿得知富尔顿在从事这方面的研究，欣喜地找上门来，表示愿意提供资金、材料和人力等方面的帮助。

1805 年，可用于轮船的蒸汽机制造成功。两年后，经过一番努力，富尔顿和工人们终于造出了第一艘轮船——克莱蒙特号，准备让这艘船下水试航。由于过去的试验屡遭失败，人们不相信这次试航会成功，还把这艘船叫作“富尔顿的蠢物”。

1807 年 8 月 17 日，天气晴朗，万里无云。克莱蒙特号准备在哈得孙河的纽约段试航。这艘奇怪的船中间是机器房，安放着一个大蒸汽锅炉，大烟囱正冒着黑烟，船的两头是客舱，坐了些客人。富尔顿亲

克莱蒙特号

自操纵机器。在震耳欲聋的轰鸣声中，机器带动了船桨，轮船前进了。可是不久，克莱蒙特号停滞不前。岸边围观的人一下子骚动起来。富尔顿和工人们立即检查机器，排除故障，克莱蒙特号在人们的嘲笑声中以每小时 4.7 英里（约 7.56 千米）的航速前行，把河面上一艘艘帆船远远地抛在后面。“富尔顿的蠢物”变成了“富尔顿的胜利”。

世界上第一艘用机器推进的船——蒸汽轮船诞生了，成为第一次工业革命的重要发明之一。

富尔顿的人生让我们联想许多：他家境贫寒，17 岁时就离家谋生，并没有受到良好的教育；最初，他是学习绘画的，也喜欢机械，结果画家没当成，却发明了当时美国水上交通迫切需要的轮船。可见，成才并没有固定的模式，人生正是“海阔凭鱼跃，天高任鸟飞”。

“轮船”这个名字是怎么来的？

中国唐代就出现了“桨轮船”，这个名字是唐代的李皋（gāo）起的。当时，李皋对船的动力进行改进，在船的舷侧或尾部装上大型的桨轮，还安装了拨水板，依靠人力踩动桨轮轴，带动轮轴上的桨叶拨水，推动船身前进。由于它的桨轮总有一半露出水面，这种船被称为“明轮船”或“轮船”。机械动力船出现后，“轮”已不复存在，而“轮船”这个名字沿用至今。

知识链接 各种专用船舶

第二次世界大战后，各种专用船舶发展迅速，集装箱船、液化气船、滚装船、载驳船、冷藏船、拖船、挖泥船、铺设电缆船、补给船、渔船和破冰船等闪亮登场。

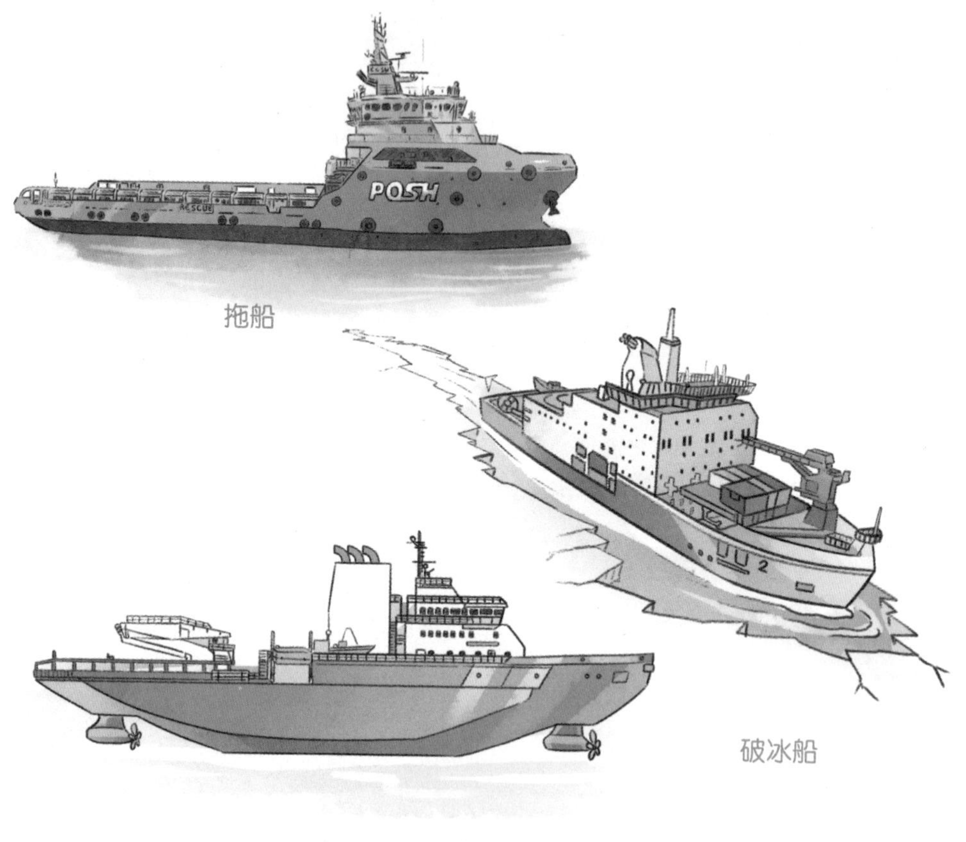

拖船

破冰船

集装箱船

3. 从潜水钟到潜水服

船虽然解决了人类涉水前行的问题，但是人类无法长时间潜到水下活动，何况水里还有那么多可口的鱼呀虾呀，甚至传说中的许多沉船宝藏呢。于是，潜水工具成为人类探索水下世界的好帮手。

16 世纪，一种可让人在水下呼吸的装置——潜水钟诞生了。潜水钟像一口倒扣的钟，底部开口，人可凭内部的空气在水下工作，但因空气有限，人不能在水下长时间停留。

17 世纪初，英国人德拉里发明了一种新型潜水钟。德拉里是一名工人，生活在大海边。有一次，他和朋友到海里捕鱼，不幸遇到了大风，竟然连人带船被风掀到了大海里，他正好被船盖到了水底。德拉里依靠呼吸船舱里的空气艰难地活了下来。恰巧一条船路过这里，把他们救了上来。

惊魂稍定，他突然想到了一个问题：我能不能发明一种东西，帮助人们在水下呼吸呢？

之前，德拉里经常看到渔民到大海里采集海绵。这些渔民非常辛苦，每次需要吸足一口气才能潜到水里，一旦在水底受不了，只好赶紧浮出水面。这样的工作既辛苦又危险，德拉里一直希望用某种发明来解决这个问题。这次意外，使他豁然开朗。

回家后，德拉里将一个水桶的上方开一个孔，又将一条管子插入孔中，管子的另一头露出水面，水底的人就能得到源源不断的空气。德拉里根据这个设想，制造了一个形状像大钟的铁桶，让采海绵的人套上它潜到水底，于是人们潜水的时间延长了。

史料记载，1691 年，英国天文学家埃德蒙·哈雷发明了世界上第一个可容纳一人以上、有实用坐标的潜水钟。这种潜水钟基本由一个大木桶和一个小木桶组成，小木桶可随时被提出水面补充空气。一根管子连接两个木桶，小木桶中的空气可通过管子不断流入大木桶。大木桶中有一个人手拿另一根管子，这根管子能为大木桶外一名戴着小潜水钟的潜水员输送空气。哈雷说，他与同事在钟内潜至 18 米深的水下，停留了 1.5 小时。

哈雷设计的潜水钟

18 世纪初，英国的发明家贝尔克决定搞出一项新的发明。他认为，德拉里的潜水钟有一个很大的缺点，那就是体积很大，实在是太不方便了。于是，贝尔克一边查阅资料，一边动手制作。有一次，贝尔克正在做试验，突然，门打开了，一个大脑袋的怪物摇摇晃晃地进来了。

“你……”贝尔克半天都说不出话来。

“我的大发明家，愚人节你还在忙啥？”怪物一边说，一边摘下了头罩。

“噢……”贝尔克如梦初醒，原来朋友在愚人节跟自己开了个玩笑。

“有了，有了。”贝尔克从朋友的大头罩一下子想到了潜水钟：能不能用大头罩来代替潜水钟呢？如果能，潜水钟就不用这么笨重了。后来，贝尔克设计出了一种潜水服：头部是一个圆球形的头盔，头盔上有一根管子通到水面。世界上第一件潜水服就这样诞生了。

18 世纪的潜水装置

19 世纪 40 年代，英国的西贝又对贝尔克的潜水服进行了改进。20 世纪 40 年代初，法国科学家福斯特对潜水服又有了改进，并配置了氧气瓶，使潜水员在水下可以自由活动。

从此，这种新型潜水服在全世界迅速推广开来。

知识链接 潜水那些事儿

虽然人类潜水的最早记录已无从考查，但是在海洋中有目的地潜水，最早是为了打捞海产品、寻找沉船宝藏，这已无可争议。

潜水的困难在于潜水员要承受水深的增加而带来的压力。每下潜 10 米，压力就增加 1 个大气压。也就是说，一个潜入水下 100 米的人，就必须承受相当于 11 个大气压的压力。在这么大的压力下，潜水员会面临肺部被挤伤、耳膜破裂、昏厥溺水等危险。因此，专业潜水员需要有非常好的身体素质和潜水技术。未经专业训练的人，在不携带辅助水下呼吸设备的情况下，一般只能潜到水下 10～15 米深处，潜水时间约 2 分钟。

即使是经过专业训练的潜水员，每向大海里深入一步、潜水时间延长一分钟，也需要经过艰苦的训练。2023 年，中国潜水运动员王瑾在不携带氧气瓶的情况下，以 109 米的下潜深度，打破了亚洲纪录。

4. 潜艇：海军的重要武器

人类从借助一根原木漂流，到制造出一叶小舟，再到乘坐远洋巨轮，这是多么令人骄傲的进步！人类探索的脚步永不停息。完成了海面征服之旅后，人类又把目光投向了大海深处，模仿海豚的体形、游姿等，制造出了能够在海洋中上升、下潜、浮游的潜艇。

让双脚踏进大海深处，直至能够在海底漫步，这是人类延伸双脚功能的愿望。1620 年，荷兰物理学家科尼利斯·德雷布尔设计建成世界上第一艘常规动力潜艇。它用羊皮囊做水舱，用注水排水的方法来控制浮潜。它是现代潜艇的雏形。

到了 1776 年，潜艇在美国独立战争中第一次登上了战争舞台，第一次把人类的战场从陆地、水面发展到了水下。发明军用潜艇的人是美国的大卫·布什内尔。他想设计一种从水下攻击英国军舰的方案，

海龟号潜艇

便建造了世界上第一艘军用潜艇海龟号。1893 年，法国人古斯塔夫·齐德制造了第一艘电力潜艇，以电动机驱动螺旋桨。1897 年，现代潜艇发展史上著名的霍兰号潜艇诞生。这是爱尔兰发明家约翰·霍兰的杰作，以汽油机和电动机驱动航行，被公认为现代潜艇的“鼻祖”。从此，潜艇得到了各国的垂青，不断以崭新的面孔出现。

潜艇的速度与动力的大小直接相关。传统的潜艇是靠人力、汽油机、电动机等来提供动力的。20 世纪 50 年代，美国、英国、苏联等国家都将核动力用于潜艇，核动力能够让潜艇保持一定的航行时间和速度，让它像蛟龙一样在水下神出鬼没。潜艇有很多非军事用途，如海洋科学研究、勘探开采、搜索援救、水下旅游等。但潜艇更多用于军事。通过自身携带的鱼雷、水雷或导弹等武器，它可以突然袭击岸上的目标，攻击水面上的大型或中型舰艇、运输船等，成为海洋大国的军事利器。

知识链接 潜艇里的氧气从哪里来？

潜艇的舱里储备着一片片涂有过氧化钠的薄板，叫氧气再生药板。只要把这种板放到再生装置里，人呼出的二氧化碳就会与之发生化学反应，从而释放出氧气，保障潜艇里氧气的供应。

潜艇里配备了氧气瓶，瓶中的氧气经过压缩处理，可以供潜艇里的工作人员使用。一般情况下，氧气瓶里的氧气足以保证艇中人员使用 90 天。

用电解海水的方法，也能够制造出氧气。这种方法在一般情况下是不用的，因为这要消耗一部分电能。紧急情况下，这种方法也能救命。因此，潜艇里的人并不担心会缺氧而死。

你了解核潜艇吗？

核潜艇是用核能驱动的潜艇。和常规潜艇相比，由于其核反应堆贮存的能量大，核潜艇可以长时间在水下隐蔽航行和作战。换装一次核燃料，可以连续使用 10～30 年。

核潜艇采用水滴线型，多属于大型潜艇。按使命任务，核潜艇可分为战略导弹核潜艇和攻击型核潜艇。

世界上第一艘核潜艇是美国人于 1955 年研制出的鹦鹉螺号。现在，美国人还在核潜艇上装备了一种模拟器——“魔士”。一旦受到攻击，“魔士”会自动脱离核潜艇，在水下高速穿行，发出模拟的螺旋桨噪音，引诱敌人的追踪舰艇和反潜飞机，掩护核潜艇逃脱。

2022 年 7 月，俄罗斯最新巨型核潜艇别尔哥罗德号开始服役。艇长 184 米，水下排水量约 2.4 万吨，它被认为是 30 年来世界上最大的潜艇。它具有功率大、航速高、隐身效果好、辐射噪声低等特点，还搭载了核动力鱼雷，具有很强的打击能力。

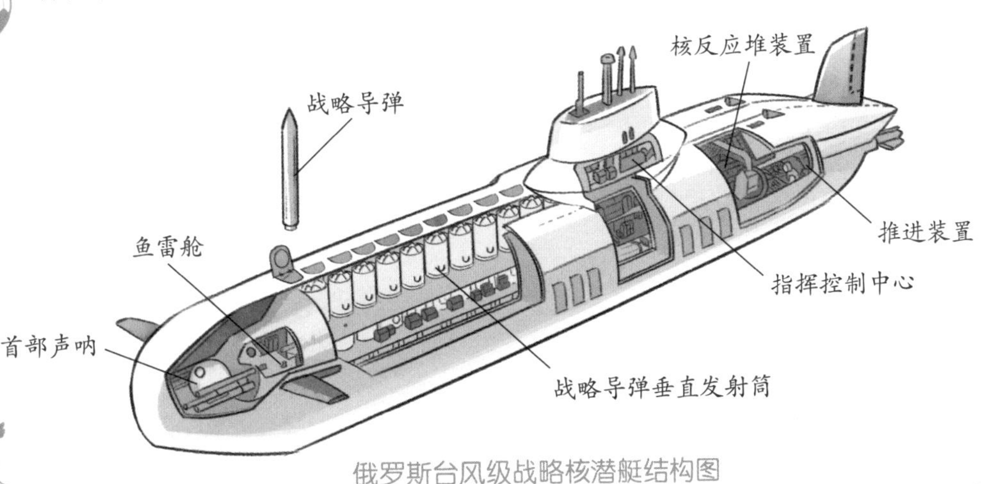

俄罗斯台风级战略核潜艇结构图

5. 航空母舰：世界上最大的军舰

从独木舟到依靠风力航行的帆船，再到用蒸汽做动力的轮船，人类的发明，让脚踏入水上世界。人类的双脚永远不会安于现状，哪怕在波涛汹涌的大海上，每一艘航行的船，都是人类移动的脚。更为可怕的是，人类永远都有一颗贪婪的心，在船上架起了大炮，让轮船成为军舰；随着向大海迈进的步伐越来越快，人类有了巡洋舰、驱逐舰……当然，世界上最具威慑力、最大的军舰，就是航空母舰，那可

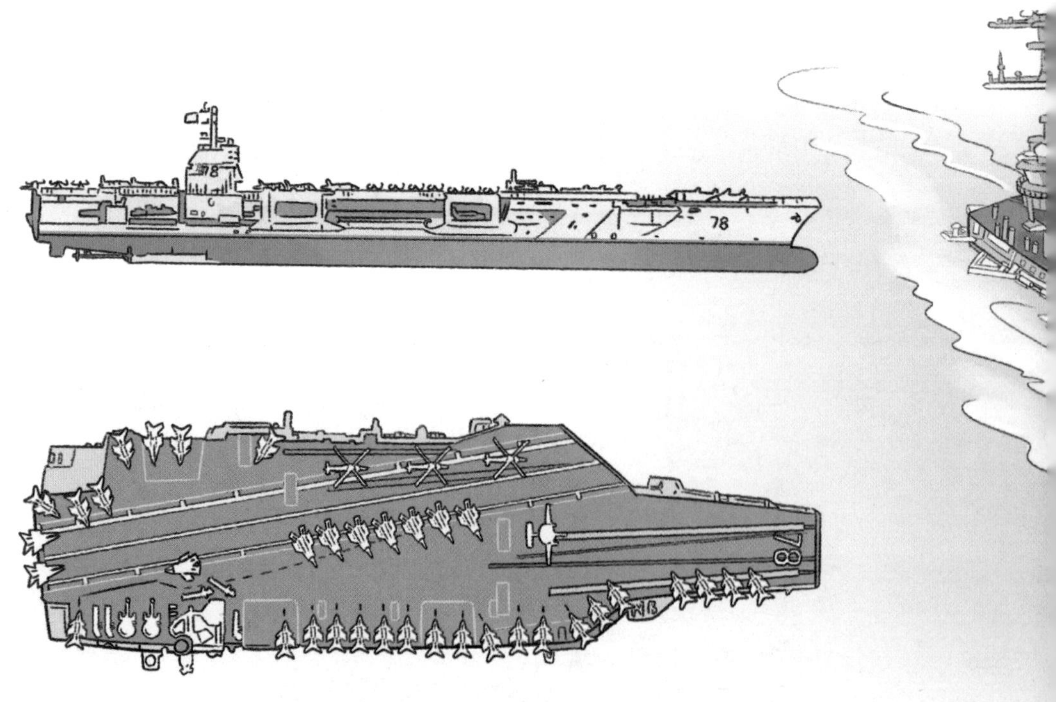

美国福特级航空母舰

是人类在海洋上驰骋的极限拓展啊！

航空母舰的起源要追溯到20世纪初。1910年11月14日，美国人尤金·伊利驾驶“柯蒂斯”双翼飞机，从美国海军伯明翰号巡洋舰上起飞，开启了美国人建造航空母舰的梦想之门。1911年1月18日，他再次驾驶飞机，成功降落在宾夕法尼亚号巡洋舰上长31米、宽10米的木质改装滑行台上，成为世界上第一个驾驶飞机在军舰上起降的飞行员。今天，我们或许认为飞机从一艘停泊的军舰上起飞或降落不值得大惊小怪，可在20世纪初，那是一个奇迹。

1912年，一艘老旧的巡洋舰被英国海军改装成了世界上第一艘可容纳飞机的船只。这种船只后来被称为“水上飞机母舰”，它是航空母

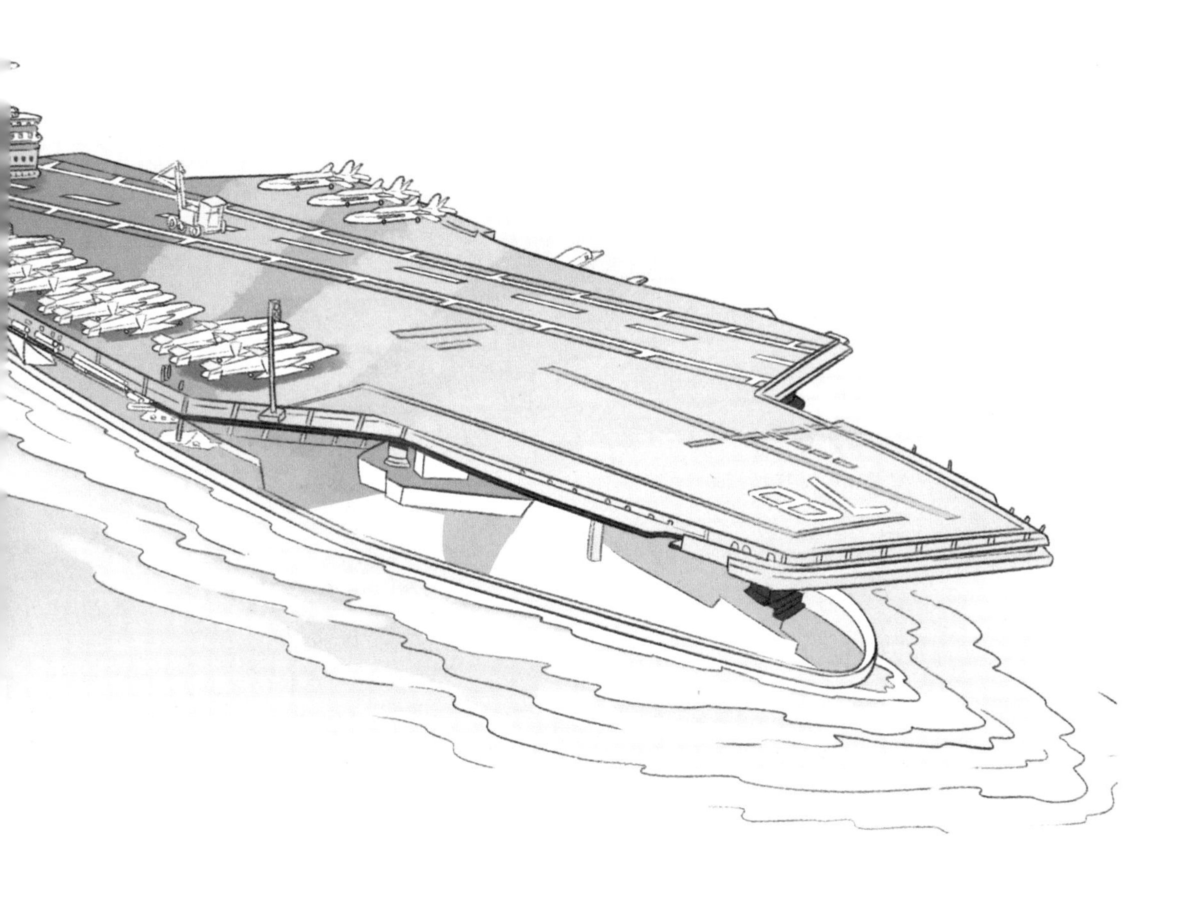

舰的雏形。这种船只后来参加了第一次世界大战中的日德兰海战。

1917 年 6 月，英国皇家海军有了第一艘真正意义上的航空母舰暴怒号，是由巡洋舰改造而成的。舰体中部上层建筑前半部铺设了约 70 米长的飞行甲板，可用于飞机起飞；后半部加装了 87 米长的飞行甲板，安装了简单的降落拦阻装置，用于飞机降落。由于没有全通飞行甲板，暴怒号还是一艘很不完善的航空母舰。

1918 年 7 月 19 日，七架飞机从百眼巨人号航空母舰上起飞，攻击德国停泊在同德恩的飞艇基地。这是飞机第一次从航空母舰上起飞进行攻击。航空母舰成为飞机起飞、运送武力的新平台，在战争中发挥了不可想象的巨大作用。

1930 年，英国建造的皇家方舟号航空母舰采用了全封闭式机库、一体化的岛式上层建筑、强力飞行甲板、液压式弹射器，被誉为“现代航母的原型”。

1961 年，美国建成了世界上第一艘核动力航空母舰企业号，仅添加一次核燃料就可以使用 13 年，企业号在美国海军服役 51 年。现在，世界大国仍然在争相建造航空母舰。

迄今，我国已有三艘航空母舰，分别是 2012 年服役的辽宁舰、2019 年服役的山东舰和即将服役的福建舰。辽宁舰是我国第一艘服役的航空母舰；山东舰的诞生，标志着中国海军正式迎来国产航母时代；福建舰是中国自主设计建造的首艘弹射型航空母舰。三艘航空母舰必将成为中国海军守卫蓝色海疆的重要力量。

航空母舰上的不同服装

水面舰艇上的官兵都穿着统一的海军服，航空母舰上的官兵服装却是五颜六色的。这是航空母舰上的工作性质决定的，因为不同的服装有不同的作用。

航母上穿黄衣的，一般都是舰上的观察员，负责舰载机的起降及其周围人群的安全提示。

航母上穿红衣的，专门负责打捞、救生、抢险、消防等工作；穿紫衣的，主要负责为飞机补充油料。

航母上穿绿衣的，负责飞机的弹射起飞、拦阻降落等；穿蓝衣的，是专给飞机垫轮挡、给飞机进气道加堵盖的。

航母上穿白衣的，都是机务员，包括医务人员、质量管理员等。

想一想 航空母舰为什么那么厉害？

我们来参观一下航空母舰吧。

首先，看看它的外观。

航空母舰的舰体长度一般有200米，大的可达330米；宽度窄的有30多米，宽的80多米。航母的高度也不一样，矮的是40米，高的70多米，相当于20层大楼那么高，多么雄伟！

其次，看看它的动力。

以美国的尼米兹号航空母舰为例，它的标准排水量约7.8万吨，时速达30节（即55.56千米/时），装备了26万马力（约19万千瓦）的动力装置。怎么样，航空母舰称得上“大力士”吧？

最后，了解一下它的“看家本领”。

一艘航空母舰就是一个庞大的装备库，有歼击机、攻击机、反潜机、预警机、侦察机、加油机、救护机等；同时，航空母舰上还有先进的雷达、声呐及电子设备等。以一艘航空母舰为核心的特混编队，至少要配备10艘左右的大中型军舰，携带防空导弹、鱼雷等。这些军舰均匀地分布在600～700平方海里（相当于2058～2401平方千米）的海域，分三层攻防区。这样才能保证航空母舰不受来自空中、海面、水下及电磁场等方面的威胁。

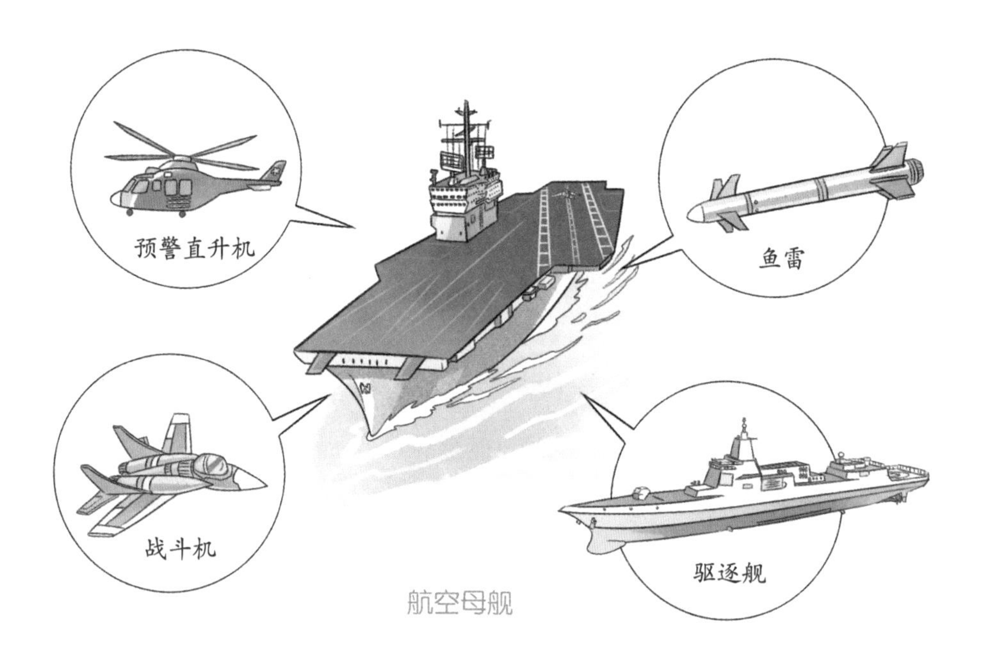

航空母舰

小博士说

大家已经知道，航空母舰上有很多飞机，可是在航空母舰的甲板上，我们并没有看见一排排的飞机，飞机藏在哪里了呢？ 航空母舰在大海上航行的时候，飞机藏到航母的机库里去了，因为大海上颠簸得厉害，飞机停在甲板上很不安全。航空母舰里的机库，就像飞机的“旅馆”，飞机在航母航行时就住进去休息，有了战斗任务就来到甲板上，随时听从调遣。大型航空母舰的机库相当于四五个大型剧院的空间那么大。机库里有专门的升降机，可以把飞机从舱位中一直升到甲板上，飞机随后投入战斗状态。因此，只有在作战时才能在甲板上看到航空母舰上的飞机。

6. 深潜器：潜浮自如的“海中蛟龙”

人类对海洋的征服，应该是从纵横两个方面展开的。“横”，就是在海上跋涉，包括把船只开向南极、北极，以及环球航行；“纵”，就是一步步走向海洋深处，包括潜水员的潜水、潜水器的潜水。两者相比，人类对海洋的横向征服早已完成，纵向征服却起步较晚，而且步履艰难。海底的巨大水压对于人类来说，是一个相当大的挑战，没有潜水设备的帮助，潜进深海是绝对不可能的事。如果仅仅穿一身潜水服，没有其他潜水设备的帮助，人类潜入海中没多深，就会被巨大的水压压成肉饼。

人类研制潜水器是最近 400 年的事情。

1554 年，意大利人塔尔奇利亚发明了木质球形潜水器。那是一种

1934 年的深潜器

没有动力装置的水下工具，它对后来潜水器的研制产生了巨大影响。1717年，英国人哈雷设计制造了第一个有实用价值的潜水器，它也是没有动力装置的，必须靠管子和绳索与水面的母船保持联系。虽然这种潜水设备为科学研究提供了一定的方便，但是无法满足人类自由下潜的需求。直至1948年，瑞士人皮卡德制造出弗恩斯三号深潜器，人类才第一次下潜到1370米。虽然下潜时载人舱严重进水，但是它开创了人类深潜的新纪元。

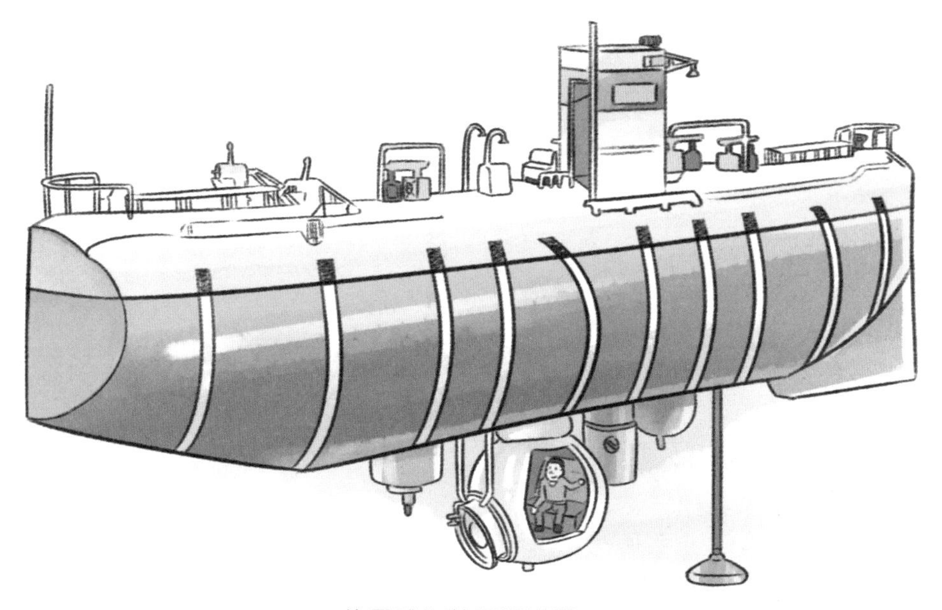

的里雅斯特号深潜器

在海洋深潜史上，的里雅斯特号深潜器占有重要地位。1951年，皮卡德和他儿子造出了著名的的里雅斯特号深潜器。它长15.1米，宽3.5米，可同时搭载三人。1953年9月，它在地中海成功下潜到3150米。这是当时人类借助潜水装置进入海洋的最大深度。1955年，美国人买走了的里雅斯特号，并把皮卡德和他的儿子也请到了美国，希望能够建造出新型的深潜器，不断开创深潜的新纪录。

20 世纪五六十年代，人类深潜技术得到空前的突破，海洋深潜取得了辉煌成就。几乎在皮卡德父子造出的里雅斯特号深潜器的同时，英国皇家海军的挑战者二号首度成功测量海沟，利用回声定位方式测出马里亚纳海沟深约 10900 米，并以“挑战者深渊”或“挑战者深度”来命名这条海沟。1957 年，苏联海洋考察船斐查兹号也对马里亚纳海沟进行了详细的探测，并用超声波探测仪在它的西南部发现了一条特别深的海渊，它超过 11000 米。1960 年 1 月，瑞士人雅克・皮卡德和美国人唐・沃尔森乘坐新研制的的里雅斯特号深潜器，终于下潜到马里亚纳海沟的沟底，约 10916 米处。人类在现代化深潜器的帮助下，第一次下到全球最深的海沟底部。现今，我国的深潜器研究也取得了

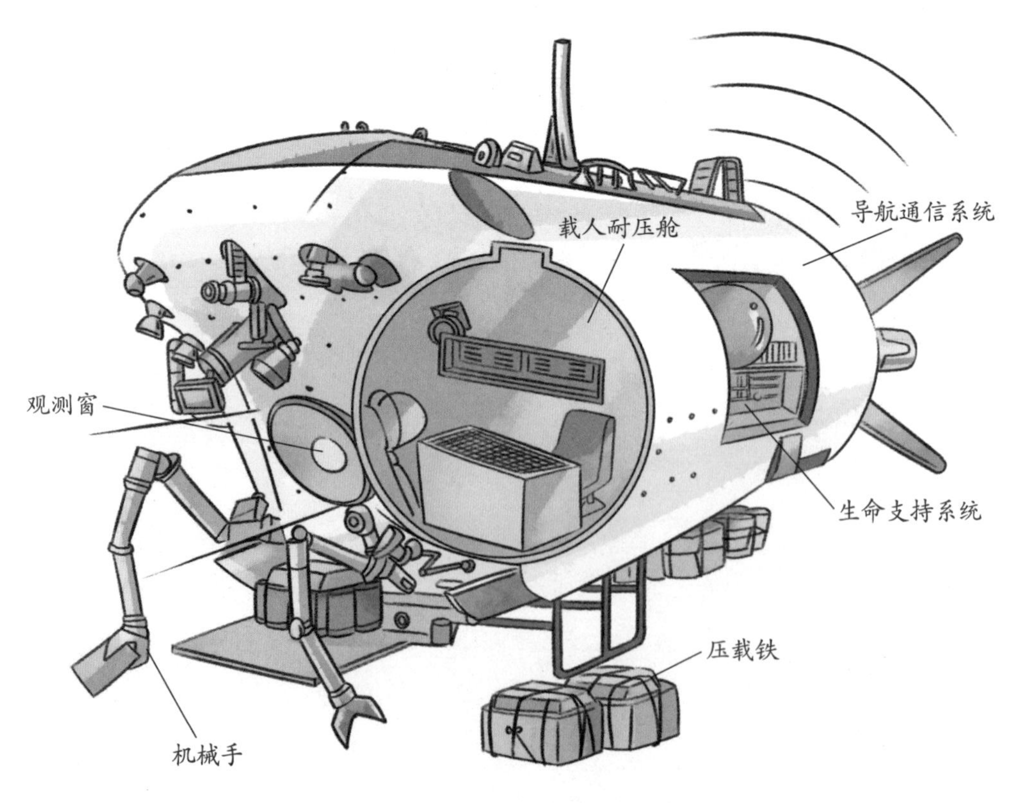

中国蛟龙号载人深潜器

一系列成绩。

深潜器可用于水下观察和水下作业等活动。在民用方面，深潜器主要用于海洋油气开发，比如敷设、维修海底油管等；在军事方面，深潜器可用于采集海洋数据、监视和侦察敌情、营救失事潜艇等。

深潜器必须依靠母船补充能量和氧气，每次试验结束，深潜器都会被收回母船上。

深潜器被收回母船

知识链接 我国的深潜器

▶ 我国研制的一种深潜器，能够在伸手不见五指的海底“看见”周围 20 米范围内的目标，装有声呐系统，还有长达 5 米多的机械手。

▶ 2012 年 12 月，我国第一台自主研制的无缆遥控潜水器潜龙一号诞生。2013 年 10 月 6 日，潜龙一号执行了首次应用任务，顺利下潜到 5080 米的深度，在水下进行了 8 小时 5 分时长的作业，创下了我国自主研制的水下无人无缆潜水器深海作业的新纪录。

2012 年 7 月，我国首艘载人深潜器蛟龙号，最大下潜深度为 7062 米。它也是当时世界上下潜最深的作业型载人潜水器，可在占世界海洋面积 99.8 % 的广阔海域中使用。

2020 年 11 月 10 日，我国全海深载人潜水器奋斗者号在马里亚纳海沟成功坐底，深度为 10909 米，刷新了中国载人深潜的纪录。

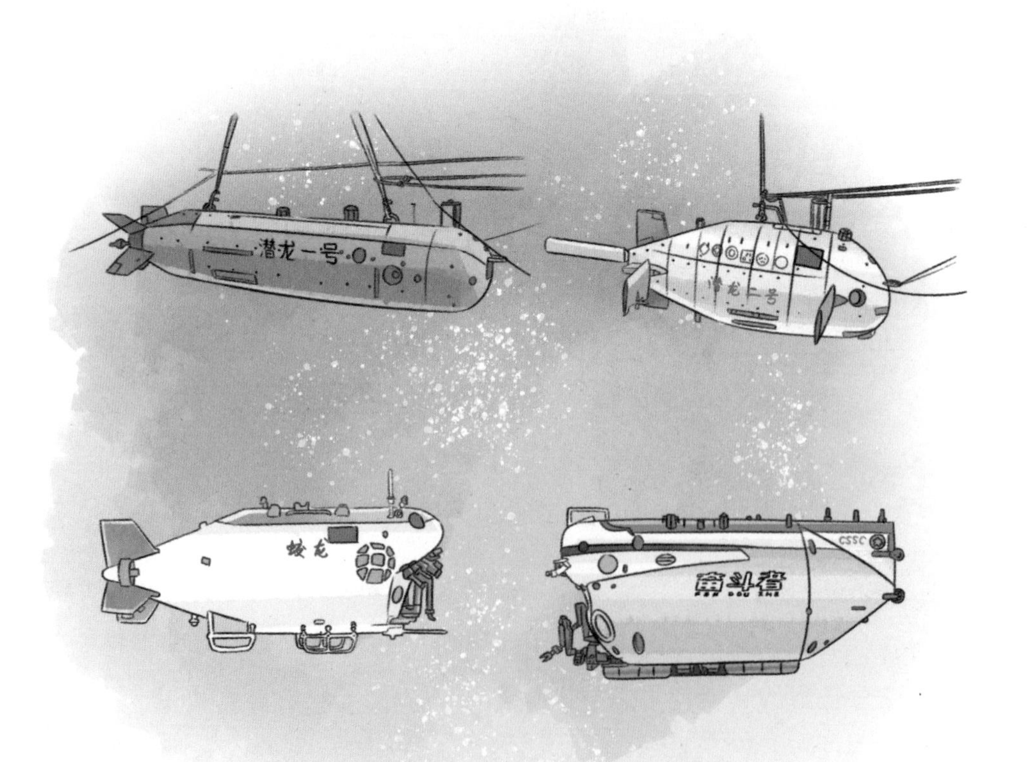

第三章　车

载着人类越跑越快

脚一直默默为人类工作，行走、跳跃、奔跑都和脚分不开。

古代，人们要去远方，大多靠步行；直至马车、自行车、汽车、火车等交通工具出现，脚才会轻松一些，人们可以用这些交通工具去远方。车的故事，是很精彩的。

人类是智慧的。劳动之余，人们学会了思考怎样借助外力来满足自己的生存需要。5000 多年前，人类已驯化马。虽然控制马需要胆量和技能，可是人们跨上马背的那一刻，是何等激动和骄傲啊！ 马，四肢健壮、奔跑如飞的马，让人类行得更快更远。

当然，不同地域的人有不同的风采。生活在沙漠的人逐渐驯服了骆驼，热带丛林里的人让大象为自己效力，而生活在北极圈附近的人能够让狗拉起雪橇，在一望无际的雪原上奔跑。在辅助出行这件事上，除了让动物服务于人类，不知不觉，人类在劳动实践中发明并爱上了滚动的车轮，与它结下了不解之缘。

1. 滚动的轮子

轮子，是用不同材料制成的圆形可滚动物体，包括石头轮子、木头轮子、钢铁轮子等。今天我们讲轮子，大家都觉得很简单。轮子是车子的主要组成部分，有外圈、与外圈相连接的辐条和中心轴。它在交通运输中非常有用，也是人类重要的发明之一。

可是，谁见过最古老的轮子？是谁第一个发明和使用了轮子？人类为了纪念他而塑造的雕像在哪里？这一切，鲜有人知道。

人类在使用锋利而坚固的金属工具以前，用石器工具难以将木头（更不要说石头啦）加工成合适的形状。因此，车轮的出现只能是青铜时代及以后的事情。

我国四川三星堆遗址，出土过一件珍贵文物——青铜太阳轮。这件青铜器像车轮的形状，已有3000多年历史，现今保存在三星堆博物馆。这个太阳轮的用途众说纷纭，比较一致的看法是，这是表示古人对太阳崇拜的装饰物。也有研究者认为，它的造型像束缚太阳光芒的圆圈，寓意古人想束缚住太阳，表达了对太阳和炎热的恐惧。

不管怎样，任何一项简单而意义深远的发明，都不可能是凭空出现的，就像古人见到水里漂着的木头而想到独木舟一样，车轮的发明也可能受到了一些自然物的启发。《淮南子》中说，我们的祖先“见飞蓬转而知为车”。意思是古人看到“飞蓬”这种草被大风连根拔起而旋转，想到了造车的原理。根据英国科学家、中国科技史研究专家李约瑟的考证，大约在3500—4500年前，中国出现了第一辆车子。《左传》中提到，车是夏代初年的奚仲发明的，那应该是4000多年前的事情了。考古学家也发现了3000多年前的商朝殉葬用的车，当时的车子由车厢、车辕和两个轮子构成，已经是比较成熟的交通工具。轮子，终于以真实的形态走进人类的视野，并发展着，承载着人类的希望滚动向前。

春秋时期的战车

知识链接 轮子的历史有多久远？

- 考古学家发现，德国的巨石墓下，有距今6800多年的古老车辙。
- 在波兰发现的带车形图案的罐子，其年代被认为是公元前4725年以前的。但是经过对该地层的七次检测，专家倾向于罐子出现于公元前4610—公元前4440年的结论。
- 叙利亚的一处遗址，出土了一个带有轮子的模型和一幅有“货车”图案的壁画。这些东西是先民在6400—6500年前留下的。

想一想　古人为什么要把轮子做成圆形？

有人认为：

原始民族都普遍崇拜天空中的日月。古人一定认为它们拥有最完美的外形，因此在制作器具时会很自然地模仿太阳和月亮的形状。

还有人认为：

古人可能无意间发现，大部分果实是圆形的，从树上滚落下来，受到的损失最小，而且能够滚得很远，便模仿果实的形状来制作车子的轮子。

小博士说

这两种观点都有道理。轮子为什么是圆的，人类至今没有找到标准答案。不过，古希腊时期，哲学家柏拉图也认为球体是最完美的形式。古人看到圆盘状物体在转动时保持形状不变，或许会受到启发，车轮可以使人搬动大大超过自身重量的物体，并在实践中总结出经验。现代物理学知识也告诉我们，圆形的轮子滚动起来与地面接触面积最小，阻力也最小。瞧，古人做对啦！

2. 林务官的“奔跑机”

随着车轮的使用，技术不断进步。其中，自行车就是人类使用轮子的“得意之作”。

提起自行车的发明，有人会认为，自行车的始祖是我国公元前500多年的独轮车。还有，清康熙年间（1662—1722年），黄履庄曾发明过自行车。《清朝野史大观》卷十一载：“黄履庄所制双轮小车一辆，长三尺余，可坐一人，不须推挽，能自行。行时，以手挽轴旁曲拐，则复行如初。随住随挽，日足行八十里。”这段话是说，黄履庄制作的这辆双轮小车，长约1米，可以由一人掌控车龙头骑行，骑行速度可以达到一天80里地，即40千米。这在当时可是很先进的交通工具呢。然而，世界上公认的自行车的发明者是德国的林务官卡尔·德莱斯。

清朝的自行车

名人档案馆

姓名：卡尔·德莱斯（1785—1851）

国籍：德国

成就：发明了世界上实用的自行车，被称为“自行车之父”。

经历：德莱斯从海德堡大学毕业后，在一所林业管理学校教书，成了没有实职的林务官。德莱斯的自行车诞生后，并没有得到多数人的认可。一气之下，德莱斯决定找一个车夫进行比赛。那位车夫赶着马车用5个小时所走的路，德莱斯骑自行车，用4个小时就行完了。事实证明，自行车的速度比马拉车的速度快得多。这也告诉我们，人们对新生事物的认识总是有个过程的。

1813年的一天，德莱斯在森林里巡查。走累了，他就坐在一根被伐倒的原木上休息。嘴里哼着歌，两眼望着天空，唱着唱着，他的身子就前后摇晃起来。就这样，唱着，晃着，屁股下的那根原木便随着他身子的晃动而来回地滚动……突然，一块圆溜溜的石头，借着坡势，和德莱斯擦身而过，速度之快，令人吃惊。

这时，一个奇怪的念头闪现在德莱斯的头脑中：圆形的石头、木头，都容易滚动，而且滚动起来，速度特别快；要是能利用滚动的原理，来制造一部车子，整天骑着车子在林间穿行，那该多好啊！

1813 年，德莱斯设计制造出一种四轮“牵引车”。这种车需两个人操作驾驶，速度为每小时 6～7 千米。

1817 年，他又制造出一辆两轮车——一个木架，木架中间有一个座椅，座椅前方安着一个把手，木架的下面支撑着两个一前一后可以滚动的轮子。德莱斯将它命名为“奔跑机”。这就是世界上第一辆真正实用的自行车。这种自行车需要骑车者用双脚蹬地，才能前行。

随着机械化程度的不断提高，变速自行车、冰上自行车、五轮自行车、电动自行车等新型自行车出现了。20 世纪 70—90 年代，自行车是中国人最常见的交通工具。现在，自行车已经遍布世界各地，极大地方便了人们的出行。1903 年，法国举办了“环法自行车赛”，至今，它已成为世界上最重要的自行车赛事之一。现今，共享单车成为十分普遍的出行方式。

早期的自行车

自行车小史

1801年，俄国人阿尔塔莫诺夫发明了一辆自制的木质自行车，并把它献给了俄国沙皇。

1813年，德国人德列斯发明了车把。车把可以方便车子转弯。

1839年，英国人麦克米伦给自行车安装了踏板，骑车者不用靠脚蹬地前行了。

1880年，法国人基尔梅发明了链条，用它带动车后轮旋转。

1885年，英国工程师约翰·斯塔利研制出前后轮大小基本相同的自行车。他将轮子装入菱形车架，将车的前叉杆倾斜成一定的角度，使轮子以直线向前行驶。这种名为“漂泊者”的自行车，外观与现代自行车基本没有差别。

1888年，英国医生邓勒普把有弹性的橡胶水管做成轮胎，充足了气，装在自行车轮上，发明了世界上第一辆有充气轮胎的自行车。

想一想 “自行车”这个名字是谁起的？

有人认为：

这是外国人起的名字，因为自行车的发展史上，外国人在不断地改进它。起“自行车”这名字的人，要么是德国的德莱斯，要么是英国的斯塔利，这两个人在自行车的发明史上具有重要地位。

还有人认为：

这是中国人起的名字，是由外文翻译而来的；至于这是哪一位翻译家翻译的，就无从考证了。

小博士说

“自行车”这个名字是中国人起的。1866年，清朝派出了第一个出洋考察团，其中19岁的张德彝在游记中使用了“自行车”这个词语。这也是“自行车”一词在中文里首次出现，这一名字被沿用至今。末代皇帝溥仪就会骑自行车。他的自传《我的前半生》里有这样一段文字：“为了骑自行车方便，我们祖先在几百年间没有感到不方便的宫门门槛，（我）叫人统统锯掉。”可见，自行车在当时的影响力有多大。

3. 汽车诞生了

“总有一天，我们会发明一种跑得很快的机器，而不再依靠动物的奔跑。”这是预言家们的美妙梦想。可以说，在 18 世纪中期以前，人类车子的动力都是由畜力甚至人力来完成的。真正改变人类出行方式的伟大发明，应该首推汽车。

在汽车的发明发展史上，英国、法国、德国、奥地利、美国等国家的一大批优秀科学家和杰出的工程师，如古诺、本茨、福特等，都为汽车的诞生留下了精彩的一笔。

第一个制造出不用畜力的车子的人是古诺。他是法国出色的年轻工程师，在专门生产火炮的兵工厂工作。他看到每天工人都要用几匹壮马把制造好的火炮拉出厂区，既费时又耗力。这时，蒸汽机制造技术已经传到了法国，古诺想：能不能制造出一种以蒸汽机为动力的车子来拉火炮呢？ 1769 年，他果真研制出一种能牵引着大炮到处跑的蒸汽机车：车子长 7 米多，高 2 米多，有三个轮子，是一个十足的庞然

古诺发明的蒸汽机车

大物，人们称它为“怪物”。这种车子每前进一步都会发出吓人的哐啷巨响，15 分钟还得加一次水，好难侍候呀！

第一个制造出四冲程内燃机的是德国人奥托。这一年是 1876 年。这种内燃机用煤气做燃料，不用点火，体积小，操作方便。它的诞生，对汽车发动机的发展来说有重要意义。但是，这种机器有一个致命的问题：每个内燃机都要携带一个很大的煤气袋。

第一个发明以汽油为燃料的汽车的人是德国人戴姆勒。1886 年，戴姆勒把自己发明的汽油发动机安装在四轮马车上，这是一项划时代的发明。这种四轮车子就是今天汽车的雏形，而且与过去的车相比，它体积小，重量轻，也没有中途熄火的现象。

第一个获得汽车制造专利的是德国企业家、发明家卡尔·本茨。就在戴姆勒把汽车发动机安装到四轮马车上的同年，卡尔·本茨制造了第一辆以汽油为燃料的汽车，并获得了德国皇家专利局颁发的第一辆汽车制造专利，他也是世界上第一辆公共汽车的制造者和发明者。

名人档案馆

姓名：亨利·福特（1863—1947）

国籍：美国

成就：企业家，T型汽车的发明者。他创办的福特汽车公司是世界著名的汽车生产商。

经历：福特能将一家默默无闻的小汽车店，开成举世闻名的汽车公司，奥秘在哪儿呢？原来，福特在经营中有三条原则：“便宜”，即生产一种大众化的汽车；“耐用”，即这种汽车能够在崎岖的乡间道路上疾驰；“易操作”，即让一般人可以轻而易举地学会驾驶。福特的营销思想和生产方式，对当时的美国产生了巨大影响。

第一个使汽车实现普及化的发明家是美国人福特。他是汽车发明发展史上一个重要人物，改变了人类传统的出行理念和方式，让汽车成为普通人的交通工具，其发明故事耐人寻味。

当初，福特汽车公司起家的时候是一个小作坊，只有6名工人，连老板本人也得穿着油迹斑斑的工作服来上班。到了1906年，福特公司创始人福特的机会来了——他凭着一杯黑咖啡，竟然圆了汽车梦。

那是一个阴雨天，冶金工程师史密斯带着刚刚发明的钒钢来到福特公司。为推销这个新产品，史密斯已经跑了20多家大公司，人们对

他不屑一顾，这令他心灰意冷。万般无奈之下，他抱着试一试的心态找上了福特公司。

当时，福特正在啃面包，见史密斯狼狈的样子，便同情地递上一杯黑咖啡。史密斯又饥又渴，接过咖啡后一饮而尽，随即从包里掏出了一个大“钢饼”。

“谢谢你款待我，”史密斯感激地说，“这是刚发明的钒钢，质量棒极了。不信你试试。”

福特历来说干就干，马上对钒钢进行机械性能测试，结果发现它的延展性是普通钢的三倍，而且光洁度达到九级，打磨出来的钢亮得能当镜子。

“好啊，好啊！ 有了好钢，我就能制造出好车。”福特做梦也没有想到，一杯黑咖啡竟然能换得这样的好钢材。

福特和史密斯的手紧紧地握在了一起。

福特以敏锐的眼光看到了钒钢的巨大价值，立即与史密斯签订了合作协议。后来，福特公司经过一系列的技术攻关，于 1908 年 10 月 1 日生产出了 T 型汽车。这种车子的价格只有当时常用汽车的三分之一，可是性能高于欧洲的豪华车。于是，订单一下子像雪片一样飞向了福特汽车公司，公司迅速发展壮大。

随着科技的快速发展，各式各样的汽车如雨后春笋般出现。现在，无人驾驶汽车已经成为现实，将搭载人们驶向更加美好的明天。汽车的发明发展史中，那些发明家汲取了前人的经验和智慧，站在时代的舞台上，才为汽车的诞生做出了巨大的贡献。

福特与 T 型车

知识链接 了不起的汽车小发明

1883 年，德国工程师戴姆勒研制出一种汽油内燃机，并获得了德国专利。这为内燃机汽车的发明奠定了基础。

1885 年，戴姆勒把汽油发动机安装到木质两轮车上，发明了世界上第一辆摩托车，并获得专利。这为四轮汽车的出现迎来了曙光。

曾经，在英国和美国，汽车出行时，必须有一个人挥舞着一面红旗在前面步行开道。直至 1910 年，意大利人伊索塔第一次给汽车安装了四轮刹车系统。

1923 年，汽车外壳第一次做了喷漆“美容”，并用上了安全性能较高的空气轮胎。

4. 在铁轨上奔驰的“长龙”

人类有了自行车、摩托车、汽车等交通工具后，仍不满足，还想为脚谋更多的“福利”，要用更大的动力、更多的车厢，把更多的人送向远方。火车诞生了。

1807 年，英国人特里维希克、维维安制造出用蒸汽机驱动的车子，但这车子非常笨重，难以在道路上行驶，他们也没想到把这辆车放到铁轨上去。直到 1814 年，英国工程师乔治·斯蒂芬孙造出了在铁轨上行驶的蒸汽机车，终于使陆地运输上了一个新台阶，火车成为交通大动脉上活跃的一员。

斯蒂芬孙发明的蒸汽机车

名人档案馆

姓名：乔治·斯蒂芬孙

（1781—1848）

国籍：英国

成就：发明了新型的在铁轨上行驶的蒸汽机车，被誉为“铁路机车之父”。

经历：斯蒂芬孙的父亲是煤矿上的蒸汽机司炉工，母亲没有工作。一家八口人全靠父亲的工资生活，日子过得很艰难。14岁那年，乔治·斯蒂芬孙来到煤矿当了一名烧锅炉的学徒。他很喜欢这个工作，别人下班了，他还在认真地擦洗机器，清洁零部件。反复拆装，让他掌握了机器的结构，从此爱上了机器制造。青年时期，他一边工作，一边上夜校，学习了机械制图方面的知识。

1810年，斯蒂芬孙总结前人的经验教训，开始研制蒸汽机车。

1814年，他研制出了布鲁克号机车，机车能拖运30吨货物，每小时可以行驶6.4千米。糟糕的是，这种机车不仅行动太慢，而且每次发动时声音太大，附近农场的牛羊听到这种怪声，都会吓得狂奔乱跑，连当地的农民也受不了：“如果再解决不了噪音问题，我们非把他的车子砸毁不可！”后来，斯蒂芬孙为了减少噪音，把火车喷出的蒸汽用管子引到烟筒里，没想到这样一来不仅声音变小，而且气流循环更好，煤火烧得更旺。

1825 年 9 月 27 日，在英国的斯托克顿附近挤满了 4 万余名观众，铜管乐队也整齐地站在铁轨边，人们翘首以待。忽然，人们听到一声激昂的汽笛声，一列火车冒着烟疾驰而来。机车后面拖着 12 节煤车，还有 20 节车厢，车厢里有约 450 名旅客，火车的速度达 24 千米 / 时。这是斯蒂芬孙亲自驾驶的世界上第一列火车。火车驶近了，大地在微微颤动。观众惊呆了，不相信眼前的这铁家伙竟有这么大的力气。火车缓缓地停稳，人群中爆发出一阵雷鸣般的欢呼声。铜管乐队奏出激昂的乐曲，7 门礼炮同时鸣响，人们庆祝火车诞生了。

1867 年，世界上第一台电力机车诞生了；1879 年，第一台电力机车公开试运行；1924 年，柴油内燃机车被成功研制出来，之后在全世界被广泛使用。现在，大部分火车是由电力驱动的。火车作为客运和货运的重要交通工具之一，不断地发展，成为奔驰在铁路上的“长龙”。

现今，中国已步入高速铁路新时代。中国的高铁列车的运营速度可达 350 千米 / 时，是令世界惊叹的“中国速度”。

知识链接 你不知道的火车往事

斯蒂芬孙的火箭号是早期著名的机车。1829 年，火箭号在英国赢得了第一次火车速度比赛冠军，速度达 58 千米 / 时。

1830 年 9 月 15 日，英国的利物浦和曼彻斯特之间开通的铁路线，是世界上第一条真正的客运铁路线。

1876 年，英商在上海铺设了 16.1 千米长的吴淞铁路，它成为中国第一条营运性质的铁路。绝大多数中国人当时第一次见到火车。

早期的火车速度仅仅是 5～6 千米 / 时，使用的燃料是煤炭或木柴，因此它们被称为“火车”；中国早期的火车车厢是绿色的，因此被称为“绿皮火车”。

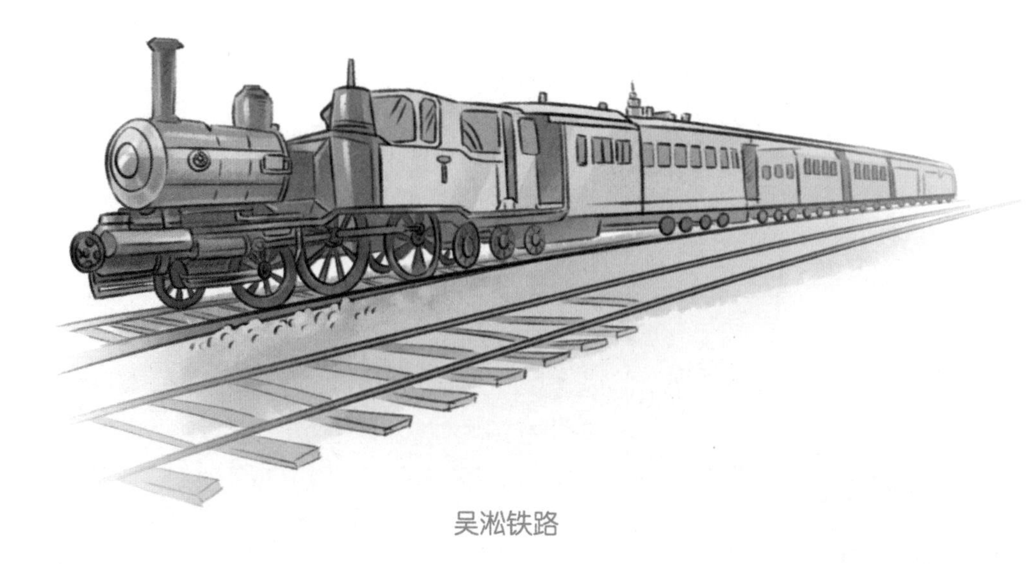

吴淞铁路

5. 会“飞”的列车

不论是汽车，还是火车，都比马车的运力大，且跑得更快，那些奔跑的轮子就是它们的“脚”。那么，有没“脚”的火车吗？有，那就是磁悬浮列车。

早在20世纪上半叶，就有人提出利用磁力将车悬浮并驱动前进的构想。不过当时，很多人认为这是“痴人说梦”。让几十吨重的车体悬浮起来确实并非易事。直到有了电力电子技术、超导技术和计算机控制技术的鼎力相助，磁悬浮列车才由想象逐步变为现实。

20世纪20年代，美国布鲁克林实验室的两位青年物理学家，提出了磁悬浮列车的设想。他们设想了一种由超导电磁线圈悬浮、速度为480千米/时的火车。但当时的美国政府不肯出资赞助这项发明，事情就被搁置了。德国工程师赫尔曼·肯珀于1934年率先获得开发磁悬浮列车的专利。于是，磁悬浮列车首先在德国，随后在日本，得到了更加深入的研究。

磁悬浮列车按电磁力的作用原理，分电磁吸引式悬浮和电动推斥式悬浮两种。前者通过电磁

磁悬浮列车

间的吸引原理产生悬浮，后者通过电磁间的推斥原理产生悬浮。

日本一直致力于超导磁悬浮列车的研究，1972 年首次研制出载人磁悬浮试验车 ML-100，1977 年建成了世界上第一条超导式磁悬浮列车铁路——7 千米长的宫崎试验线。1979 年，ML-500 试验车创造了磁悬浮列车每小时行驶 517 千米的速度。

1984 年，世界上第一辆商用磁悬浮列车在英国伯明翰机场投入运营，线路全长仅 600 米，速度约 24 千米 / 时。

至此，磁悬浮列车开始“飞”向世界各地，许多国家的磁悬浮列车的速度都高达 400 千米 / 时。2021 年 7 月 20 日，我国历时五年自主研发的高速磁悬浮交通系统，在青岛正式下线。这种磁悬浮列车的最快速度可达 600 千米 / 时，被誉为“贴地飞行”。磁悬浮列车是目前世界上速度最快的地面交通工具。

知识链接　磁悬浮列车的前世今生

1820 年，丹麦物理学家奥斯特，在使用一些电气设备时，发现了电磁现象，即通电的导线周围存在磁场。1922 年，赫尔曼·肯珀提出了电磁悬浮原理。

德国从 1962 年开始了磁悬浮的基础研究。1987 年，德国建成了总长 31.5 千米的试验线，列车最高速度达到 450 千米 / 时。

1996 年，美国开通了从奥兰多机场到迪士尼乐园、总长 22 千米的磁悬浮线路。

2002 年 12 月 31 日，世界第一条商业化运营的磁悬浮示范线在上海通车。

想一想　磁悬浮列车到底高级在哪里？

首先，了解一下它的工作原理。磁悬浮是一系列技术的通称，包括借助磁力的方法悬浮、导引与驱动车辆。它利用磁铁“同极相斥，异极相吸”的原理，来减少和克服列车与轨道之间的摩擦力。

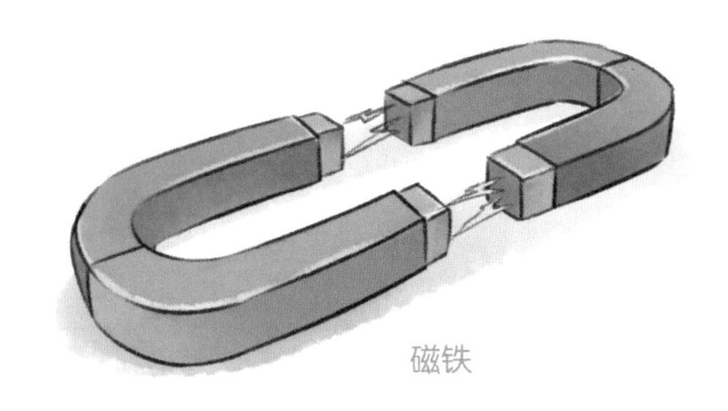

磁铁

其次，了解一下它的外观和动力。它没有轮子和发动机，有导轨，但导轨并不与车体接触；列车行进时需要的支撑、导向和牵引的力，都来自磁铁的吸引力和排斥力，能源消耗极低，不排放废气。

最后，到列车里感受一下。

磁悬浮列车没有轮子，高速行驶时几乎不会产生什么噪音。

在车内几乎感觉不到列车行进中的震动。只有车速在200千米/时以上时，才有轻微的车体与空气摩擦的声音。

磁悬浮列车采用外包式或内藏式的车体结构，保证了行车安全。

磁悬浮列车内部

小博士说

磁悬浮列车运行时，以常规列车无法达到的速度悬浮在导轨上。这种列车集计算机、微电子感应、自动控制等高新技术于一体，安全、平稳、无震动、无噪音、无污染，是目前人类最理想的绿色交通工具。线路上有分段供电技术，确保了同一区域内的列车速度相同。列车的驱动系统也能确保不会发生追尾或逆向而动以致相撞的事故。不过，它也有一些缺点，譬如车厢不能变轨、强磁场影响生态环境和人体健康等。

第四章　飞行器

让人类的双脚脱离地面，
从地面飞向蓝天

热气球、飞机、人造地球卫星、宇宙飞船、空间站等，承载着一代又一代人的飞天梦。人类飞向天空、探索宇宙的过程，有太多的曲折、惊险和艰辛……无边无际的宇宙中，星球无数，除了地球，还有哪一颗星球会留下人类的足迹呢？

人类有太多的希望和梦想：人类期望像猿猴那样在树上灵活自如地攀缘；也期望像鱼儿那样在水里畅游，时而浮游，时而潜底；甚至期望像飞鸟那样在空中翱翔。于是，无数文人墨客用优美的文字，讴歌天空中的飞鸟，对鸟儿的飞行本领羡慕不已，还在故事中创造了能够腾云驾雾的神仙、骑扫把的巫师、一个筋斗翻十万八千里的孙悟空，以寄托对天空的向往。

1. 升空的热气球

我国古代有嫦娥奔月的故事，不过，那只是人们的美好想象。你知道吗？第一个试图飞到月亮上去并大胆实践的人，是我国明朝官员万户陶成道。

为了飞到月亮上去，陶成道先做了两个大风筝，然后在一把椅子下面捆绑47支大火箭——古人发明的一种以火药做燃料的兵器。准备完毕后，他坐在椅子上，手拿两个大风筝，命仆人点燃大火箭……没有一点儿悬念，“人类航天始祖”万户陶成道的生命，最后殒落在了点燃火箭后。多年后，为了纪念他勇于探索的精神，人们将月球上的一座环形山命名为“万户山”。

几个世纪以来，人类一直梦想飞上蓝天。人类为了实现这一目标，反复地试验探索，经历了无数次的失败，终于使几千年

来升空的梦想变成了现实。真正引领人类飞向天空的，是法国的蒙哥尔费兄弟。他们制造了世界上第一个可以飞行的热气球，从而使人类完成了“迈向天空的第一步”。

1782 年冬天的一天，哥哥约瑟夫・蒙哥尔费正坐在家里的壁炉前发呆。忽然，他看到放在火炉上方烘烤的衬衣一鼓一鼓的，被热气蒸

名人档案馆

姓名：蒙哥尔费兄弟（兄 1740—1810；弟 1745—1799）

国籍：法国

成就：蒙哥尔费兄弟从事造纸业，曾因发明新式仿羊皮纸和水锤扬水器而闻名全国。然而他们最大的成就是研制出世界上第一个热气球。

经历：1782 年的一天，约瑟夫・蒙哥尔费研制出第一个热气球，它仅仅升到天花板的高度就坠落下来。随后，兄弟俩又用麻布和纸制成一个直径达 10 米的热气球，并燃烧稻草和碎羊毛，将产生的热空气充满气球，经过反复试验和改进，终于获得成功。1783 年 6 月 4 日，兄弟俩用衬衣布制作了一个很大的热气球，在公共场合进行飞行表演，引起了轰动。

腾得不断向上飘升。约瑟夫突发奇想：要是这些热气被聚集起来，能否托起更大的物体呢？

于是，他动手做了一个丝织的气囊，在底部开一个颈状的口子，然后，在颈口下面烧火。过一会儿，气囊里充满了热空气，就慢慢地升到了屋顶，成功地进行了第一次试验。

1783 年 9 月 19 日，蒙哥尔费兄弟俩在法国巴黎的凡尔赛宫广场进行公开的飞行表演。当时，法国的国王、王后、大臣及 13 万巴黎市民云集这个广场，观看热气球的升空表演。蒙哥尔费兄弟俩在广场中央堆起一座高台，台上有一个大坑，里面塞满羊毛、木炭等物品。然后，他们点燃这些物品，给气球充气。一个小时后，约瑟夫把准备好的一只篮子挂在气球下端，篮子里面载着羊、鸡、鸭各一只。一切准备停当后，约瑟夫松开系气球的绳索，挂着篮子的热气球缓缓上升，在空中安全地飞行了 3000 多米。当时的法国国王路易十六把热气球命名为“蒙哥尔费气球”。它被公认为世界上第一个能在空中飞行的热气球。

1783 年 10 月 15 日，热气球载人升空的试验开始了。化学家罗泽尔乘坐的热气球上升到 26 米的高度，并在空中停留了 4 分半钟。这次成功，使人们对利用热气球飞行有了信心。

1783 年 11 月 21 日，经过多次这样的飞行以后，勇敢的化学家达尔朗德和罗泽尔一起登上了蒙哥尔费兄弟发明的热气球，在巴黎穆埃特堡进行了一次热气球载人飞行试验。试验场上好不热闹，前来观看的群众络绎不绝。罗泽尔和达尔朗德爬进吊篮后，巨大的热气球缓缓向天空升起，最高飞到 150 米，在空中飞行 25 分钟，飞行距离达 8.9 千米。在飞越半个巴黎之后，热气球降落在巴黎的意大利广场附近。当罗泽尔和达尔朗德安然无恙地走出吊篮时，广场上顿时爆发出雷鸣般的掌声和欢呼声，他们成了人类航空史上最早的冒险家。

这是世界历史上第一次真正意义上的载人空中航行，这次飞行比莱特兄弟用飞机飞行整整早了 120 年。

现在，气球的囊袋由薄橡皮、橡胶布或塑胶等材料制成，里面会注入氢、氦等气体。气球备受人们的喜爱，很多集市、博览会、庆典都

用气球来助兴。气球还可以用于大气研究、跳伞训练、侦察拦阻敌机以及散发宣传品等。小型的气球还可以用来做玩具。热气球载人在天空漫游的功能已逐渐弱化了。

热气球趣闻

二战以后，高新技术使热气球的囊袋材料以及致热燃料得到普及，热气球成为不受地点约束、操作简单的公众体育项目。

1978年8月11日至17日，热气球双鹰Ⅲ号成功飞越了大西洋；1981年双鹰Ⅴ号成功跨越太平洋。

20世纪80年代，热气球被引入中国。1982年，美国著名刊物《福布斯》第二代传人马尔康姆·福布斯，驾驶热气球，转而驾驶摩托车来到中国，自延安到北京。

我国目前已有多个热气球赛事，曾成功地举办了多项国际热气球邀请赛。

2. 飞机飞向蓝天

大科学家牛顿有一句名言："如果我比别人看得远些，那是因为我站在巨人们的肩上。"这句话同样适用于成功发明第一架飞机的美国莱特兄弟。

在飞机诞生之前，航空的发展经历了从幻想到冒险、从理论探索到操作实践的漫长过程。经历了许多次失败后，人们逐渐认识到，飞行是复杂的，简单的冒险无济于事。19 世纪，关于飞机的研制进入一个空前活跃的时期：一方面，有关飞机升力、阻力、稳定性与操纵方法的理论初步建立起来；另一方面，动力飞机的研制探索过程积累了宝贵的经验，涌现出乔治·凯利、李林塔尔、查纽特、兰利、汉森、马克沁、阿代尔等一大批先驱。他们在飞机结构、升力与阻力研究、稳定性与操纵方法等方面做了大量工作。他们取得的重要成果，为莱特兄弟成功研制世界上第一架飞机奠定了坚实基础。

乔治·凯利 1852 年设计的滑翔机

名人档案馆

姓名：莱特兄弟

（兄 1867—1912；弟 1871—1948）

国籍：美国

成就：制造了世界上第一架飞机。

经历：莱特兄弟的父亲是一个木匠，母亲是一位音乐教师。兄弟俩从小就对机械装配和飞行有着浓厚的兴趣，常常将身上仅有的零钱用来买工具、材料等，把街道上一些破铜烂铁搬回家研究。弟弟回忆童年生活时曾说，5 岁生日那天，在一大堆生日礼物中，他一眼看中的是一只回旋陀螺。

哥哥威尔伯·莱特和弟弟奥维尔·莱特都出生在美国俄亥俄州，主业是修理和经营自行车。他们对机械制造技术十分在行，也是当时的飞行爱好者。他们从 1896 年开始研究飞行，立志制造出一架用引擎驱动的飞机。与其他飞行爱好者不同，他们很重视理论，并阅读了空气动力学方面的有关文献。为了读李林塔尔的著作，他们还学会了德文。

从 1899 年开始，他们先后研制了三架滑翔机。前两架滑翔机解决了飞机的稳定性和操纵方面的问题，但是滑翔机的飞行性能不高。于是，他们继续研究，并不断改进机器设备的构造。从 1901 年 9 月至

1902年8月，他们共进行了几千次试验，开展了大量有关机翼升力、阻力、翼型的试验研究。

后来，他们利用获得的精确数据，制成第三架滑翔机，并利用它进行了近700次滑翔飞行。这架滑翔机即使在36千米/时的强风下也能照常飞行，并且具有较好的稳定性。这为飞机的研制积累了重要的第一手资料。

1903年，莱特兄弟研制了第一架有动力装置的飞机——飞行者1号。这是一架带滑橇的双翼机，前面有两只升降舵，后面有两只方向舵和两个螺旋桨，操纵索集中连在操纵手柄上。飞机的翼展达12.3米，机翼面积47.4平方米，机长6.43米，连同驾驶员在内总重约360千克。发动机是由莱特自行车公司的技师查理·泰勒设计制造的，它有8.8千瓦的功率。1903年12月17日，奥维尔·莱特驾驶飞行者1号第一次正式试飞。虽然这一次飞行时间很短，只有12秒，飞

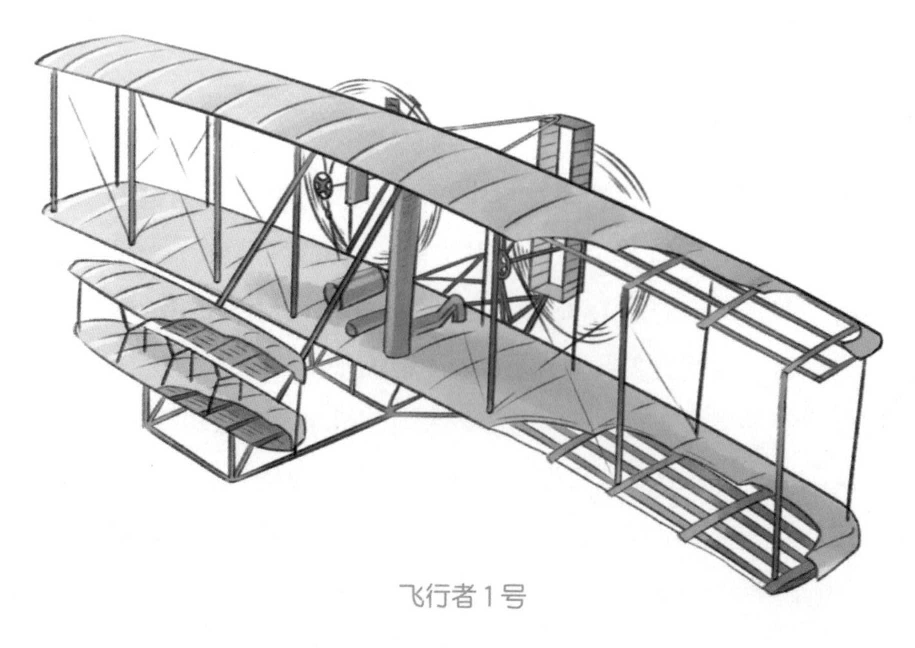

飞行者1号

行距离 36 米，但这是一项伟大的成就：它是人类历史上第一次有动力、可载人，持续、稳定、可操纵的飞行器的成功飞行。这次飞行具有深远的历史意义，为人类征服天空揭开了新的一页，也标志着飞机时代的来临。

现在，飞机最远的飞行距离可达数万千米，飞行时间长达十几小时。而人们永远不会忘记莱特兄弟和他们的第一架飞机。

知识链接　飞机在中国

第一个将飞机带入中国的是广州人冯如。1909 年，他设计并制成飞机，试飞成功。1911 年，他将两架自制的飞机运回广州。1921 年在一次飞行表演中，由于飞机失事，冯如不幸牺牲。他是中国第一位飞机设计师、制造者和飞行家。

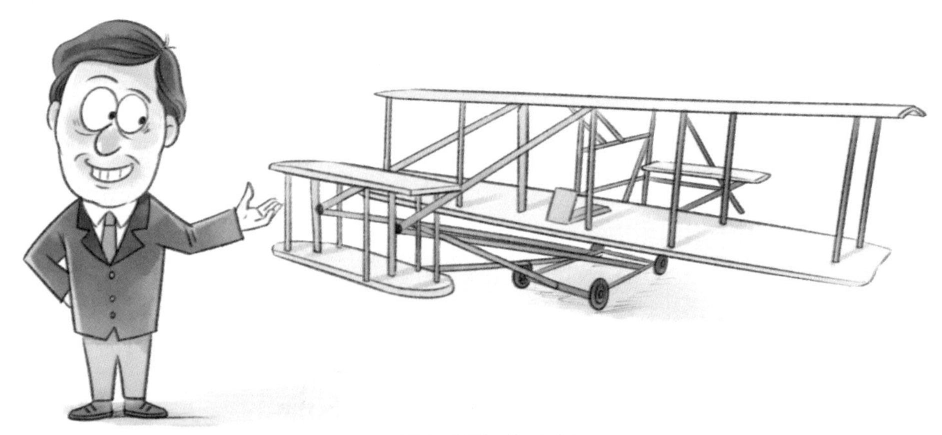

冯如和他制作的飞机

1914 年，北洋政府派南苑航校飞机去河南镇压白朗起义，这是我国第一次将飞机用于军事。1917 年，张勋复辟时，讨逆军用飞机在紫禁城上空扔下了炸弹。末代皇帝溥仪在《我的前半生》中记录了这一经历：“听见了飞机声和从来没有听见过的爆炸声，吓得我浑身发抖，师傅们也是面无人色……”这是中国历史上第一次空袭记录。

1954年7月26日，新中国首批自制的飞机举行试飞典礼。这种飞机的顺利首飞，结束了新中国不能自主制造飞机的历史，翻开了中国航空工业发展史上崭新的一页。

在国际上，起飞重量超过100吨的运输机被称为“大型飞机”，300个座位以上的客机通常被称为“大型客机”。中国目前的大型飞机主要包括大型运输机运-20、水陆两栖飞机AG600和大型客机C919。2017年5月5日，我国自主研制的大型客机C919在上海浦东机场圆满首飞。C919首次向全球公开亮相，标志着我国成为世界上少数几个具有研发制造大型客机能力的国家。经过五年多试验飞行，2023年5月28日，C919完成全球首次商业载客飞行。

想一想 飞行者1号试飞成功后，莱特兄弟在干啥？

有人认为：飞行者1号试飞成功后，兄弟俩继续忙试飞，分别进行了第二次、第三次、第四次飞行，而且最后一次飞行取得了好成绩——飞行时间59秒，飞行距离260米。

还有人认为：兄弟俩一边忙试飞，一边忙制造。1904年1月—5月，莱特兄弟又制造了飞行者2号，飞机性能有了很大提高。

小博士说

以上观点都正确。1905年，兄弟俩又制造了飞行者3号。它在试验中的飞行时间多次超过20分钟，飞行距离超过30千米。10月5日的试飞取得了最好成绩——飞行时间38分钟，飞行距离38.6千米。飞行者3号共飞行了50次，已具有重复起降能力、倾斜飞行能力、转弯和完全圆周飞行能力、8字飞行能力。能进行这些难度较大的机动飞行和有效操纵，表明这架飞机已具备实用性。

3. 月球上见证的奇迹

300 多年来，人们用望远镜、雷达、激光等对神秘的月球进行了各种各样的探测，但始终没有解开它的奥秘，更没有人能踏上月球一步。

丰富的太空资源和无畏的探索精神，促使人类不断前进。如果按照时间的节点来回顾历史，我们就会发现，关于登临月球，有许多划时代的伟大发明，有太多难忘的“第一”。

1957 年 10 月 4 日，世界上第一颗人造地球卫星在苏联发射，并顺利进入太空轨道。它的诞生引起了全球性轰动。今天，我们也必须承认，人造卫星是一项了不起的发明。

1961 年 4 月 12 日，世界上第一艘载人宇宙飞船东方 1 号在苏联发射升空。苏联莫斯科电台同时广播了一则消息：“尤里 · 加加林少校驾驶的飞船在离地球 169～314 千米的高度绕地球运行。”这时，航天员加加林躺在飞船的弹射座椅上，正从报话机里描述人类从未见到过的情景：“我能够清楚地分辨出大陆、岛屿、河流、水库和大地的轮廓。我第一次亲眼见到了地球

世界上第一颗人造地球卫星

表面的形态。”这是人类第一次在太空向地球传话。宇宙飞船的发明，让人类的双脚第一次真正踏进了太空。

1965 年 3 月 18 日，苏联航天员列昂诺夫走出宇宙飞船，离飞船约 5 米，在太空中停留约 12 分钟，成为航天史上第一位在太空中行走的人。

1969 年 7 月 16 日 9 时 32 分（美国东部时间），随着一声令下，美国阿波罗 11 号在万人瞩目中升上了太空。这是人类首次尝试登上月球。阿姆斯特朗、科林斯、奥尔德林等三名航天员驾驶登月舱，于 1969 年 7 月 20 日 16 时 17 分（美国东部时间）在月球上安全着陆。

约 6 个多小时后，他们打开了舱门，阿姆斯特朗先走下梯子，小心翼翼地迈开左脚，试探性地踩到月面上——他不知道月球表面的土是热的还是冷的，或者藏着什么古怪的东西，一切都是那么新奇……当左脚陷入月球表面很浅时，他才大着胆子把右脚从梯子上放下来，轻轻地踏上了月球表面。

“这是我个人的一小步，却是全人类的一大步。”阿姆斯特朗说。他成为世界上第一个登临月球的人。

现在，中国也是世界航天俱乐部的重要成员之一。1999 年 11 月 20 日，我国自主研制的第一艘试验飞船神舟一号首发成功。2003 年 10 月 15 日 9 时，航天员杨利伟乘坐的神舟五号飞船在轰鸣声中腾空而起。飞船在太空绕地球飞行 14 圈，21 小时 23 分后安全降落于内蒙古主着陆场。这是我国首次载人航天飞行任务，结束了太空中没有中国人足迹的历史。之后，我国航天员数次乘坐飞船进入太空。

神舟五号和杨利伟

中国在探月路上一直不懈努力。2020 年 11 月 24 日，长征五号遥五运载火箭成功发射嫦娥五号探测器，开启了中国首次地外天体采样返回之旅。2020 年 12 月 17 日，嫦娥五号返回器携带月球样品，成功返回地球。对于中国人来说，“嫦娥奔月”不仅仅是神话，去月球上“挖土”已成为现实。

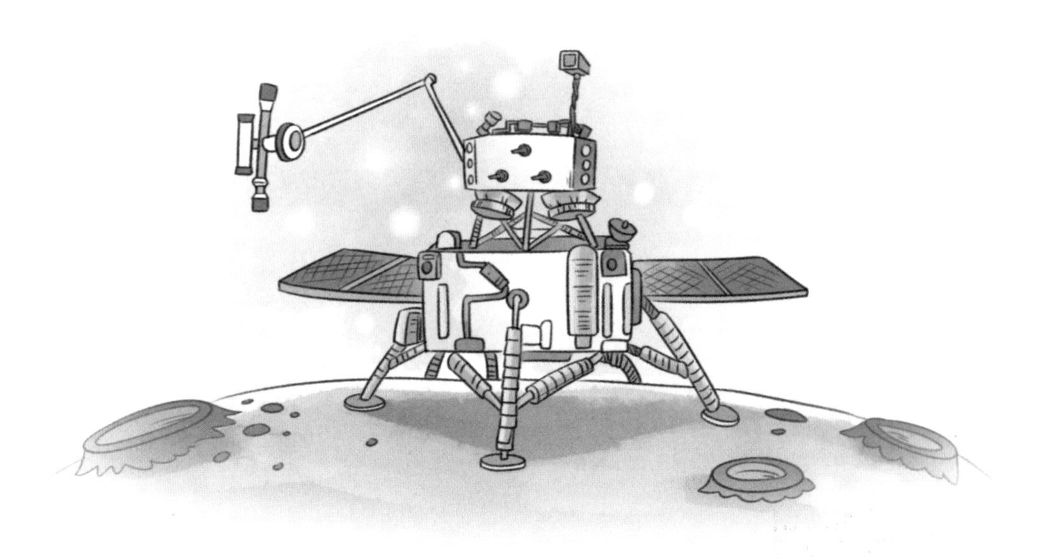

嫦娥五号

知识链接　人类首次登月的背后

为登临月球，美国曾耗费了大量的人力、物力。为了解决技术上的诸多难题，来自美国与其他国家的 20000 多家公司、200 多所大学参与了“阿波罗计划”。

1964 年 7 月，美国徘徊者 7 号向地球传送了 4300 多幅电视图像，最后送回的图像是在离月球表面只有 300 米处拍摄的，显示出月球上一些直径小至 1 米的撞击坑和几块不到 25 厘米宽的岩石。研究这些图像，是为人类登临月球做准备。

1967 年 1 月 27 日，美国人在发射阿波罗 1 号宇宙飞船时，由于舱内失火，3 名航天员遇难。

1969 年 5 月，美国成功地发射了阿波罗 10 号。飞船绕月球飞行 31 圈，其登月舱距离月球表面仅约 15.2 千米，登月的条件基本成熟。

首批航天员在月球上都干了啥？

阿姆斯特朗、科林斯、奥尔德林等三名航天员在月球上活动了2小时18分钟，拍摄了一些照片，收集了一些岩石，竖起了美国国旗和一块金属牌，上面刻了几行字：“这儿是来自行星地球的人们首次踏上月球的地方。1969年7月，为了全人类，我们平安到达。”

4. 探索太空的“新宠”

载人飞船诞生以后，为了更好地探索太空的奥秘，美国有了非常先进的“新宠”——航天飞机。这是美国人发明的一种新型的太空飞行器。

1972 年，美国科学家启动航天飞机的研制工作。科学家们的主要设计理念是：航天飞机能把大量载荷送入地球轨道，能在轨道上辅助航天员检修卫星，并能把卫星带回地面等；它可以像飞机一样在机场跑道上着陆，一般可重复使用 100 次；它可以作为太空中的科学实验室，可以作为空中工厂，生产一些在地面上难以生产的高标准产品……因此，有人把航天飞机称作“太空卡车”，它可以定期往返于地球和太空。

经过近十年的努力，世界第一架航天飞机哥伦比亚号终于由美国研制成功。1981 年 4 月，哥伦比亚号首次正式飞行。它第一次飞行的任务只是测试它的轨道飞行和着陆能力。在太空飞行 54 小时，环绕地球 36 周以后，哥伦比亚号安全着陆。

随后，美国又陆续发射了航天飞机挑战者号、发现号、亚特兰蒂斯号和奋进号，它们飞行 100 多次，运送的货物重量累计约 1500 吨。有近 700 名航天员乘坐这种运载器进入太空，并创下了另一组令世界震惊的数字：航天飞机 3 次对“哈勃”空间望远镜施行太空手术，使它一次次“起死回生”；9 次与俄罗斯和平号空间站（苏联建造）对接飞行；10 余次向国际空间站运送部件和设备，使国际空间站的规模逐步扩大……可以说，航天飞机的每一次发射、运行和返回，无不成为世人瞩目的焦点。瞧，人类好厉害，出入太空竟然如履平地！

知识链接　危险的太空垃圾

自 1957 年苏联第一颗人造卫星上天以后，各国陆续研制出各种人造卫星并发射升空。然而，如果这些卫星坏了，就无法维修，也不能返回地球，只是“一次性产品”，最终成为“太空垃圾”。

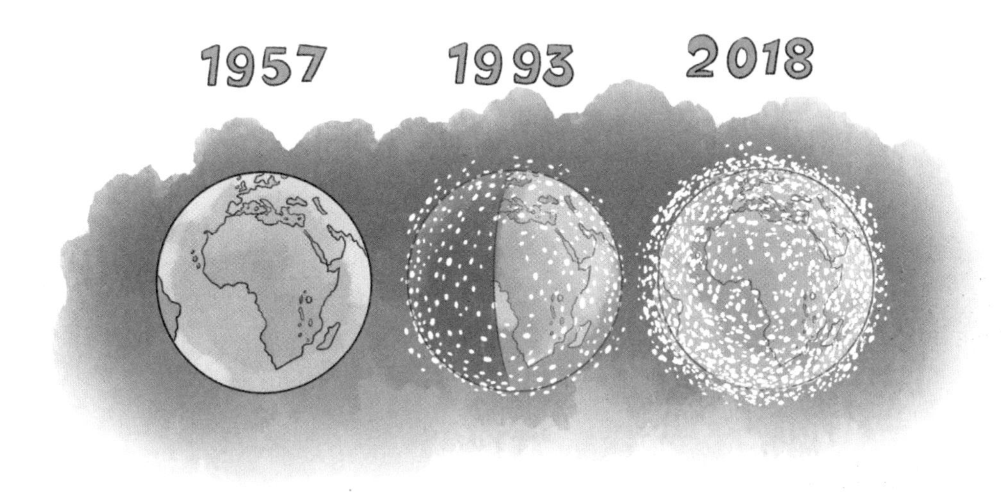

太空垃圾增长示意图（1957—2018 年）

一般来说，距地面 600 千米以下的太空垃圾存在坠落地面的风险；而在 800 千米高度以上的太空垃圾能够停留数十年；高于 1000 千米的太空垃圾，会在那里停留至少 1 个世纪；更高轨道上的太空垃圾要返回地球，更是遥遥无期。

迄今为止，有超过 9000 个直径大于 10 厘米的太空垃圾被记录在案；直径 1～10 厘米的太空垃圾至少有 10 万个，小沙粒似的太空垃圾可能有几十亿，而且它们在不断增加。遗憾的是，雷达只能追踪直径 3 厘米以上的太空垃圾。

在太空垃圾中，有美国双子星座 4 号飞船的航天员爱德华·怀特于1965年丢失的手套。该手套正在以2.8万千米/小时的速度飞行，被专家称为“危险性很大的太空垃圾”。

▶ 危险性很大的太空垃圾还有金属废料。直径1厘米的金属颗粒在与卫星碰撞时，就能释放出一颗手榴弹爆炸的能量；一颗迎面而来的、直径为0.5毫米的金属微粒，足以击穿密封的航天员飞行服。

▶ 肉眼无法辨别的尘埃（如油漆细屑、涂料粉末等），也有可能危及航天员的安全。因此，清理太空垃圾是十分必要的。科学家们正在研究清理太空垃圾的方案。

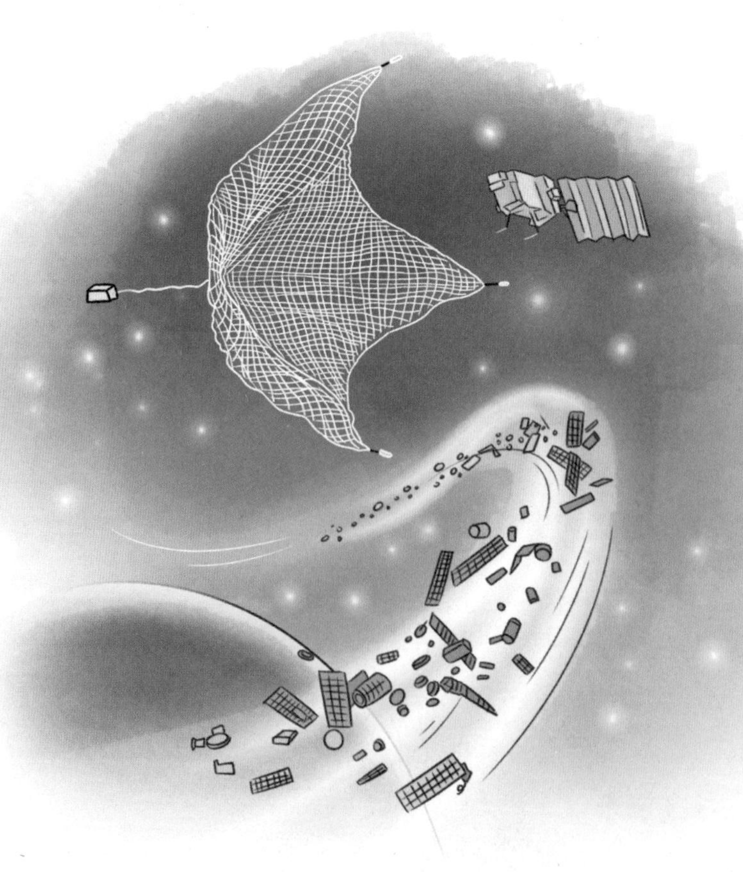

清理太空垃圾的设想图

5. 建在太空的“家园”

人类并不满足于乘坐宇宙飞船和航天飞机在太空中短暂飞行，而是努力寻找在太空中可以长期生活与工作的基地，充分利用太空独特的环境，从事多种科学技术研究与生产等活动。于是，在太空中建设空间站的想法开始在科学家的头脑中酝酿。科学家希望它容积大、载人多、寿命长，可综合利用，可以成为发展航天技术、开发利用宇宙空间的重要设施。

1969 年，苏联认为建立空间站的核心技术——航天器的交会对接问题已经解决。1970 年，苏联的科学家开始了礼炮号空间站的研制工作。

1971 年 4 月 19 日，巨大的质子号运载火箭将空间站礼炮 1 号发射上天。礼炮 1 号空间站在发射时没有载人，是世界上第一个空间站。

礼炮 1 号空间站

1971 年 4 月，苏联三名航天员乘坐联盟－10 号飞船进入太空，计划让飞船与礼炮 1 号空间站对接，但由于机械故障，对接未能成功。紧接着，在同年 6 月 6 日，多布罗沃利斯基、沃尔科夫和帕察耶夫乘坐联盟－11 号飞船，利用改进设计的对接装置与礼炮 1 号对接，并成功进入空间站，进行了一系列的开创性实验，如长期处于失重状态下的植物的生长研究等。遗憾的是，6 月 30 日，三位航天员在返回地球时因返回舱受损而遇难。事故发生后，此类三座飞船全部停止飞行，留在轨道上的礼炮 1 号也于 10 月 11 日结束飞行，坠入太平洋上空烧毁。

世界上第一个空间站的坠毁，极大地激发了苏联人继续发展空间站、更好地探索太空奥秘的欲望。随后，苏联人发射的礼炮 2 号再次失败，然而礼炮 3、4、5 号小型空间站均获成功，航天员进入站内工作，完成了多项科学实验任务。

1977 年 9 月 29 日，苏联发射了礼炮 6 号，这是苏联的第一个实用型空间站。1982—1991 年，在轨道上运行的礼炮 7 号空间站，接待过 11 批共 28 名航天员。礼炮 6、7 号空间站相对大些，各有两个对接口，可同时与两艘飞船对接。航天员在站内先后创造过生活 210 天和 237 天的纪录，首位女航天员还创造了出舱作业的纪录。

1986 年 2 月，苏联发射了和平号空间站主站。空间站由 6 个圆柱形舱体以及联盟 TM

号宇宙飞船和进步号宇宙飞船组成。和平号空间站升空入轨以来，至2001年3月离轨焚毁，就没停止过载人入站工作。它先后接待了许多外籍航天员，他们在空间站里进行长期或短期科学研究，取得了一系列重要的科学实验成果。

1983年，美国首先提出建设国际空间站的设想。1988年，美国、加拿大、日本等14个国家（后来增加了俄罗斯和巴西）签署了一项太空协议——共同建造和管理一座未来的国际空间站。经过数年的探索，国际空间站于1993年完成设计并开始工程实施，2011年基本建成。2014年5月，国际空间站开始了种植蔬菜的实验。航天员之前从来没吃过在太空种植的蔬菜呢。嘿，想想真奇妙！

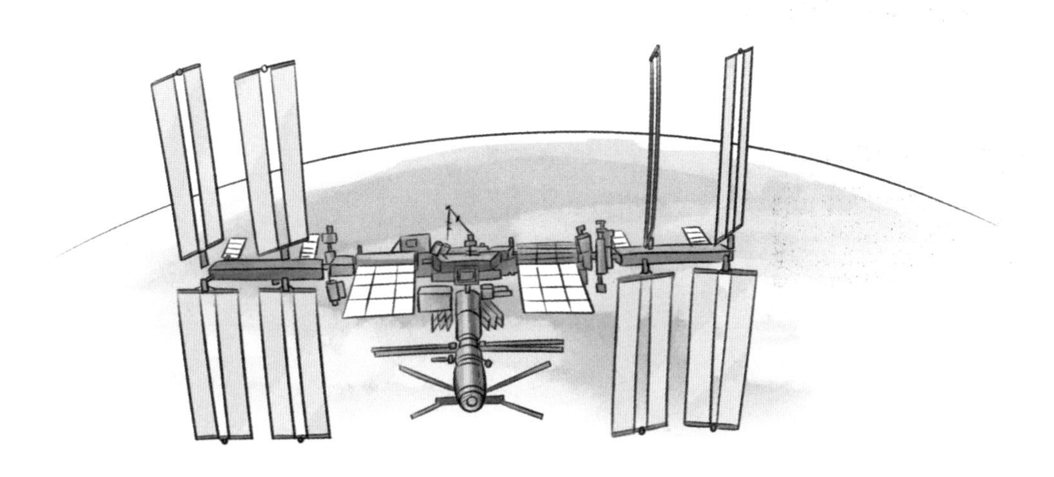

国际空间站

人类发展空间站的目的，从长远看，是为了在探索月球、火星等太阳系星球时能够有一个可提供补给的中转站，甚至是一个基地，最后可以在月球、火星上建立起人类的居住区。目前，这方面的效益还没有显现出来，人类还要走很长一段路程呢。

知识链接 中国空间站

中国空间站是我国建成的大型载人航天器。空间站轨道高度为 400～450 千米，倾角 42～43 度，设计寿命为 10 年，长期驻留 3 人，总重量可达 180 吨。

中国空间站包括天和核心舱、梦天实验舱、问天实验舱、载人飞船（即神舟号飞船）和货运飞船（天舟飞船）五个模块。其中天和核心舱需有航天员长期驻守，能与各种实验舱、载人飞船和货运飞船对接。

空间站的建设，需要解决三个重要的技术难题：航天员出舱工作、航天器对接，以及水和空气的再生循环等附加技术。

2021 年 5 月，中国空间站天和核心舱完成在轨测试验证。6 月 17 日 18 时 48 分，航天员聂海胜、刘伯明、汤洪波先后进入天和核心舱，标志着中国人首次进入自己的空间站。7 月 4 日，神舟十二号航天员进行了中国空间站首次出舱活动。2022 年 12 月 31 日，中国空间站全面建成。

中国空间站

第五章　足下运动

不断挑战人体极限

脚，和运动是分不开的。在与脚相关的发明创造中，有许多是运动项目，包括让脚大展风采的足球、比速度的短跑、比耐力的马拉松，还有滑雪、滑冰、登山等，都让我们见证了脚的力量。

谁也不会怀疑，人类是十分爱惜双脚的。为了减轻脚的负担，人类发明了自行车、汽车、火车、轮船、飞机等交通工具，除了在速度上让脚的功能得到提升，还在负重方面把脚力发挥到了极致。

难能可贵的是，人类一边开动脑筋为脚大搞工具类的发明，一边不断以踢足球、滑冰、短跑比赛、长跑比赛等竞技方式，让脚越来越灵活有力。瞧，运动场上，一双双大脚正迎接挑战，飞奔而来……

1. 与脚有关的运动

在本系列《妙手使巧力》这本书里，由于篇幅所限，作者无法为“手”写下更多相关的竞技活动——拳击、标枪、射击、铁饼、铅球、篮球、乒乓球、网球、排球、棒球、高尔夫球、手球等，都是与手相关的运动。

现在，我们都知道，体育是通过锻炼身体，达到增强体质、丰富文化生活的一项社会活动，是随着人类社会的进步发展起来的。其实，早在古代，人类就懂得通过走、跑、跳、投掷、攀越、游泳等运动来提高自身能力。

那么，在众多运动项目中，哪些与脚有关的运动历史久，至今还魅力不减？

据记载，最早的田径比赛举行于公元前776年，古希腊奥林匹亚的第一届古代奥运会。当时，比赛项目不多，其中有短距离赛跑。跑道是一条直道，长192.27米。为什么要设这种比赛项目呢？也许人们考虑到，只有跑得快，才能更好地躲避虎、狼等猛兽的追击吧。

公元前708年，在古希腊人举办的奥运会上，跳远被列为五项全能运动之一。跳远的助跑跑道长度超40米，宽度最少为1.22米，最宽处有1.25米，运动员还应在起跳板上起跳。怎么样？你的双脚究竟能跳多远？在赛场上见高低吧。不管怎么样，平时就练起来，或许遇到猛兽的时候，我们可以跳过沟渠保命呢。当然，跳高这个项目也是古老的。人类虽然不如猴子跳得那么高，也没有猴子敏捷，可是把跳高作为比赛项目，让大家来操练，仍不失为一项高明的策略呀。

1896年，希腊举行了现代第一届奥运会，田径运动的竞走、赛跑、跳跃、投掷等项目，被列为大会的主要项目。真正的大型国际比赛也是从这一年开始举行的。它沿用了古代奥运会每四年举行一次的制度。每届奥运会上，田径运动都是主要的比赛项目之一。

田径运动的径赛项目中，还有一个引人注目的项目——接力赛跑。接力赛跑是按次接替进行的集体项目，有男女400米、800米、1600米、3200米和男子6000米等项目。运动员会传递接力棒，每队四人，各跑一定的距离。接力赛跑讲究集体合作，看起来特别激动人心，因此接力赛跑深受观众喜爱。史料记载，接力赛跑起源于非洲。非洲土著伐木工人是接力赛跑最早的发明者和实践者。原来，当时的伐木工人用赛跑的速度、接力的方式，飞快地将丛林中的木材源源不断地运出山地。难怪有人说，最早的接力赛跑运动员就是伐木工人，接力棒就是木材，运动场就是一望无际的丛林呢。

1883 年 11 月 17 日，世界上最早的正式接力赛跑在美国加利福尼亚巴克雷举行。1912 年，男子 400 米的接力赛跑，被第 5 届奥运会正式列为比赛项目。

除此以外，与脚相关的运动项目还有短跑、中跑、长跑，以及设置障碍物的跨栏跑，还有竞走，等等。脚啊，到底累不累？ 运动的极限究竟在哪儿？ 人类正不断地突破极限，创造新的纪录。

知识链接 肌肉的秘密

▶ 肌肉是人的一种基本组织，主要由肌纤维组成。它的收缩和舒张引起了人体各部位的运动。肌肉的收缩由人体神经系统控制。

▶ 人的全身有 600 多块肌肉，每块肌肉的形状不同，性能也不一样。

▶ 人体的各种运动，包括体内五脏六腑的活动，都需要肌肉参与完成。人体保有适量的肌肉，有益健康。

动物世界有哪些运动健将？

猎豹是哺乳动物中跑得最快的，最快奔跑速度约 120 千米 / 小时。它们喜欢追击羚羊等中小型动物。猎豹的高速追击令许多动物生畏。

蚂蚁脚爪里的肌肉，仿佛效率非常高的发动机，比人类制造的航空发动机效率还要高几倍。它能够举起自身体重 400 倍的物体，拖动自身体重 1700 倍的物体。即使当今世界举重冠军，也不过能举起自身重量几倍的物体。

跳蚤的后腿非常发达，跳跃的高度能达自己身长的 200 倍。世界跳高冠军也望尘莫及呢。

2. 足球，在脚下生风

在丰富多彩的运动项目中，足球运动和双脚的联系十分紧密。足球运动讲究技巧与合作。不论是带球，还是射门，足球都得在脚的掌控下飞动……

据史料记载，早在战国时期，我国就已经有了足球游戏。我国古代的足球运动被称为“蹴鞠”或“蹋鞠”。“蹴”和“蹋”都是踢的意思，“鞠”是球名。我国最早的足球是用草或毛制成的。从汉代开始，足球改用熟皮制造，内装毛发。到了唐代，动物的膀胱被放进皮球内作球胆，充气后使用，这种球的制作原理与现代足球差不多。

12 世纪时，西方才有足球游戏。到了 16 世纪，欧洲出现了用纸糊的足球门。英国作为现代足球运动的发源地，把这项运动发展得很好。初期的足球游戏并没有明确的球规、场地和人数的限制，球场上经常出现打斗行为，因而踢足球往往被视为粗野的运动。英格兰国王

爱德华二世甚至在 1314 年下令全国禁止足球运动。直至 1603 年，苏格兰和英格兰国王詹姆士一世才再度批准开展足球运动。

1863 年 10 月 26 日，英国伦敦成立了世界上第一个足球协会——英格兰足球协会，制订了世界上第一部较为完善的足球竞赛规则。这一天被认为是现代足球的诞生日。之后，开始出现足球联赛，足球运动也趋于职业化。

1904 年，国际足球联合会在法国巴黎正式成立。国际足联的创建，标志着足球作为一项世界性的体育运动项目登上了体坛。男子足球和女子足球分别于 1900 年第二届奥运会和 1996 年第二十六届奥运会被列为比赛项目。1930 年，首届世界杯足球赛在乌拉圭举行，比赛每四年举行一次，从此拉开了足球运动发展的新序幕。

现在，世界上大约有数亿人把足球当成自己喜爱的运动。这项古老的体育运动项目，在漫长的发展过程中，逐渐成为世界第一大体育运动。

足球趣闻

我国汉代至唐代的足球赛，每队上场人数是 6 个人，到宋代比赛双方各为 12～16 人。

英国的足球赛出现得比我国晚。起初，他们比赛双方不限人数，后来规定双方人数相等，每方人数是 19～50 人。1863 年起，比赛规定双方各出 10 人，另加 1 名守门员，这条规定沿用至今。

1840 年，足球运动被引进校园，但各院校采用的比赛方法不太相同。1848 年，剑桥大学印行《剑桥大学足球规例》，明确了足球比赛的规则。

想一想 足球比赛时，医生给受伤运动员喷的什么药？

有人认为：

那是一种具有止痛和麻醉作用的雾剂。当运动员受伤时，医生立即从药箱里取出药剂，向受伤的部位喷一阵白雾，运动员就能忘记疼痛，继续参加比赛。

还有人认为：

那不是什么药物，是普通的水制成的雾剂。它只不过是一种心理暗示，让运动员觉得已经得到治疗，可以继续比赛；而且运动员处于比赛的兴奋状态中，比赛时会忘记疼痛。

小博士说

第一种观点是正确的。这种药叫复方氯乙烷气雾剂，在正常温度下是一种无色、有特殊气味的气体，在低温加压下，会变成透明的液体。从瓶内喷出的液体药剂会吸收大量的热量，在瞬间迅速挥发，从而使周围温度下降，空气中的水蒸气立刻凝结成白雾。药剂能产生快速镇痛的效果，具有止血、防瘀、消肿的作用。这样，运动员就能继续参加比赛了。

3. 在雪原上畅快滑行

生活在北方的人天生爱雪原，更爱在雪原上运动。滑雪可以给身心带来快乐。想象一下，你双脚踩着滑雪板，以很快的速度在雪原上畅快滑行，是多么快乐的体验！

早在 5000 年前，北欧、西伯利亚等地的原始人由于不得不在雪原上出行，包括打猎、捕鱼等，必须学会在雪地里走得更稳、更快。也许有一天，一位胆大的猎人在追捕猎物时发现，后脚用力一蹬，前脚顺势轻抬，在雪上滑行比行走更快更轻松。这大概是滑雪运动的雏形。在挪威境内、北极圈附近，人们曾发现 4000 年以前的一块石刻，上面刻有两人滑雪的图案。可见，那个时代的人就已经开始滑雪了。当然，这项发明并不是为了竞技，而是为了提高生存能力。

15 世纪以后，荷兰、挪威、波兰-立陶宛王国、瑞典和沙俄的军队从雪地上的厮杀中发现，滑雪进攻是一种好战法，既快又猛，让对手猝不及防。这时候，滑雪仍然依靠双脚来完成，只不过要求双脚要恰到好处地发力、收力等。

18 世纪，滑雪终于成为一项体育竞技运动，不同花样的滑雪运动陆续出现。1924 年，第一届冬季奥运会把跳台滑雪列为正式比赛项目，运动员足蹬滑雪板、手持雪杖在雪山上滑行，成为当时亮丽的风景。

现在，滑雪不仅是大型运动会中的一个比赛项目，还渐渐走进寻常人的生活，成为集娱乐、健身于一体的一种休闲运动。我国国内就有不少滑雪场呢，这些地方吸引着大批滑雪爱好者。

知识链接 有趣的滑冰运动

滑冰是借助专用的冰刀或其他器材，在天然或人工冰场上进行的体育运动。古代生活在寒冷地区的人们，在冬季冰封的江河湖泊中以滑冰作为交通方式。后来，这种方式演变成滑冰游戏，直至现代的滑冰运动竞技项目。

花样滑冰是在音乐伴奏下，运动员在冰面上滑出各种图案、表演各种技巧和舞蹈动作的冰上运动项目。它起源于 18 世纪的英国。

中国的冰上运动历史悠久，宋、元、明、清各代都有关于“冰嬉”的记载。1930 年前后，花样滑冰运动传入中国。

滑雪需要哪些装备？

滑雪装备主要有滑雪板、滑雪杖、滑雪靴、各种固定器、滑雪蜡、滑雪装、盔形帽、有色镜、防风镜等。通常滑雪场有这些器材出租，我们去滑雪的时候可以租装备。

滑雪板分单板和双板。按材质，滑雪板有木质、玻璃纤维和金属之分。

滑雪装首先要考虑防水防风雪的功能，还要保暖和透气。

滑雪杖只在双板滑雪时使用，用于保持身体平衡。滑雪杖需要选择质轻、不易断折的，还要适合自己的身高。

滑雪眼镜用于保护眼睛不受风雪刺激，不被强烈阳光中的紫外线灼伤。

怎么样？将这些滑雪装备穿上身，是不是很酷？

4. 登山：用脚征服高山

“靠山吃山，靠海吃海。”长期生活在山岭地区的人们，通过上山打猎、伐木，以及摘野果、挖野菜、采药材等获取生产生活资料，满足基本生存需求。这些劳动，锻炼了双脚的攀登能力。后来，登山成为一项竞技项目和探险活动。

登山，不仅需要脚的技巧、力量，还离不开人的综合素质，包括意志、胆识等。我国自古就有登高的习俗。农历的九月九日这一天是重阳节，人们要登高祈福，这是早在战国时期就形成的风俗。到了唐代，重阳节被定为正式节日，沿袭至今。

18 世纪，登山又发展成登山运动。广义的登山运动包括高山探险运动、登山健身运动、山地户外运动、攀岩运动、攀冰运动、拓展运动和野外生存等。

1786 年以前，聪明的登山人开始采用登山镐、绳索等工具，并掌握了雪崩、滚石、冰崩、高山缺氧等知识。1786 年，法国医生帕尔卡与石匠巴尔玛做向导，帮助科学家德索修尔第一次登上了阿尔卑斯山脉最高峰勃朗峰，海拔 4808.73 米。后来，人们把 1786 年作为登山运动的诞生年。

珠穆朗玛峰是世界第一高峰，有“世界第三极”之誉，征服它一直是攀登者的最大梦想。从 1852 年开始，陆续有十几支登山队向珠穆朗玛峰进军。1953 年 5 月 29 日，来自新西兰的登山家埃德蒙·希拉里作为英国登山队队员，与尼泊尔向导丹增·诺尔盖一起，沿东南山脊路线登上珠穆朗玛峰。他们是历史上第一批成功登顶的人。

名人档案馆

姓名：埃德蒙·希拉里

（1919—2008）

国籍：新西兰

成就：探险家和登山家，第一批成功登上珠穆朗玛峰顶峰的人。

经历：希拉里从小身体并不强壮。后来，由于家境不好，他跟着父亲当起了养蜂人，并学会扛着大蜂袋在大山里探索前行。这一经历让他的身体渐渐强壮，也为他日后成为登山运动员和探险家打下了基础。

第二次世界大战期间，希拉里加入了新西兰皇家空军，成为一名领航员。1945 年，他退役回到了新西兰，并加入了本地的登山俱乐部。随后，他两次挑战珠峰都以失败告终。

1953 年，英国皇家地理学会和英国登山俱乐部联合组织英国登山队，并面向全世界招募攀登珠穆朗玛峰的队员。当时，有 100 多人报名。经过严格挑选，希拉里被选中。这年的 3 月，希拉里作为英国登山队员来到了尼泊尔的加德满都，开始向珠穆朗玛峰进发。这是人类第 14 次试图登上世界之巅。探险队有 400 多人，其中脚夫有 362 人，向导有 20 人。他们沿着过去英国、瑞士登山队所走过的路线向上攀登，抵达了珠穆朗玛峰南麓。

在海拔 5600 米处，他们建立了第一个高山营地。后来，他们每隔 300～500 米就建立一个新的营地。在海拔 7900 米的地方，他们建立了第 8 个高山营地。这里离峰顶只有 1000 米左右了，胜利在望。于是，登山队决定以这个基地为大本营，兵分两路，向峰顶冲刺。

5 月 26 日，第一组队员伊文斯和鲍迪开始向峰顶进军。遗憾的是，他们登上大约海拔 8740 米、距离顶峰约 100 米的地方，由于氧气袋里的氧气不足，只好万分无奈地提前回到了营地。这样，他们与登顶的神圣和荣光擦肩而过。

第二组的希拉里和向导丹增更加幸运。5 月 28 日，他们登到海拔约 8500 米的地方，在一处搭建了简陋的营地，得以休息。5 月 29 日上午 9 时，希拉里和丹增到达了队友伊文斯和鲍迪因缺氧而被迫返回的地方。此时，他们惊骇地发现：眼前一边是高高的冰壁，一边是厚厚的冰雪，无论从哪一边攀登都绝非易事，稍有不慎就会功亏一篑，甚至尸骨无存……经过一番讨论，他们决定在冰壁上开凿脚坑，试着攀登，并约定：不论谁最先登上顶峰，都不对外公布，只承认两人同时登顶。希拉里在借助脚坑攀登几步后，发现冰壁和积雪之间还有一道狭窄的裂缝。沿着这条裂缝，他顺利登到冰壁之上，然后从冰壁上面放下一根绳子，把丹增拉了上去。

1953 年 5 月 29 日上午 11 时 30 分，希拉里和丹增在山顶发现，四周再也没有比这更高的峰顶了。希拉里激动地大喊：“在世界的最高峰，我向南可以看到尼泊尔境内的丹勃齐寺，向北则可以看到中国境内西藏自治区的绒布寺！”接着，他们把一枚十字架埋到深雪中，既表示对珠穆朗玛峰的敬意，又作为这次探险的纪念。

至此，人类完成了第一次征服珠穆朗玛峰的壮举，世界上再也没有人类无法征服的山峰啦。截至 2023 年 5 月底，全球共有 11300 多人登上了世界巅峰。珠穆朗玛峰一直是人类证明自己双脚攀登能力的圣地。

知识链接 珠穆朗玛峰有多高？

对珠穆朗玛峰最早的文字记载始于我国的元朝，历史文献中称它为“次仁玛”。在藏语中，“珠穆”是“女神”的意思，“朗玛”是“第三”的意思，“珠穆朗玛”意为“女神第三”。

清康熙五十六年（1717年），康熙皇帝派出两名喇嘛，从青海西宁进入西藏勘察地形，绘制山水图纸。两人首次用汉文、满文在地图中标注了珠穆朗玛峰的位置。这张地图收录于清朝的《皇舆全览图》中。

1975年，中国测绘工作者测定的珠穆朗玛峰的海拔高度是8848.13米。这一数据成为我国公认的珠峰标准“身高”。

2005年5月22日，中国重测珠峰高度，登山队员成功登上珠穆朗玛峰峰顶，再次精确测量出珠峰海拔高度为8844.43米。

2020年5月27日，中国珠峰高程测量登山队成功登顶珠穆朗玛峰，并测量珠峰高度。2020年12月8日，中国和尼泊尔共同宣布珠穆朗玛峰最新高程——8848.86米。

知识链接 中国人首次登顶珠穆朗玛峰

据研究，人类在海拔 6000 米以上很难生存，海拔 8000 米以上的地区被称为“死亡禁区”。18—19 世纪，一些国家的探险家、登山队便陆续向珠穆朗玛峰进发，希望征服它，登到峰顶，一览它的真容。

1960 年 5 月 25 日凌晨 4 时 20 分，中国三位登山探险队员王富洲、屈银华、贡布在连续 20 多个小时、氧气瓶的氧气消耗殆尽的情况下，终于登上了珠穆朗玛峰的峰顶。鲜艳的五星红旗飘扬在地球最高峰。这是中国人首次登上珠穆朗玛峰，也是人类首次从珠峰的北坡到达峰顶。这条由中国人开拓的攀登路线，后来成了攀登珠峰的最佳路线之一。

第六章　路

在脚下延伸，
将人类引向远方

凭着“逢山开路，遇水架桥”的一腔豪情，人类不断征服荒凉之地。人类用脚开拓出了路，又为了让脚走得更远更轻松，完成了一项又一项发明……

了解人类发明创造史的过程，就像从一个大线团里找到一根线头，将线头拉出，就会越拉越长，越拉越有趣，你会有许多发现，仿佛给思维做了一次扩展运动。

路与脚相伴。不论是脚独自行走，还是坐在车上奔驰，人都离不开路的相助。因此，写到人类为延伸脚的功能而进行的发明，就离不开路呀、桥呀。正是这些路的修筑，让代替脚的车轮得以滚滚向前。

乡村小路　　　　公路

地铁　　　　高铁

1. 认识一下“路”的家史

鲁迅说过，地上本没有路，走的人多了，也便成了路。那么，什么地方会有人走得多呢？最古老的公路是什么年代修建的呢？从给事物下定义的角度来讲，所谓的路，应该是走的人多了才能成为路，因此被称为“公路”。

据考证，公元前3000多年，勤劳智慧的古埃及人为运输修建金字塔的材料，铺设了简易的大道，这便是世界上最早的公路。

“条条大路通罗马”是一句谚语，却无意中透露了一个惊人的秘密，那就是在古代的公路中，罗马帝国的路相当有名。事实也正是这样，罗马帝国的道路是有规划的。当年这些罗马大道以罗马城为中心，向四边修建了29条，形成放射状，犹如太阳四射的光芒。这些道路又被划分为军事道路、商贸道路、行政道路、文化道路等。可见，在路的规划建设上，2000多年前的古罗马人多么英明。

人类的交通工具进入马车时代以后，由于砂土路容易破损，马和马车行驶起来极不方便，人口密集的都市开始有了人工铺设的碎石路。18 世纪，英国发生了世界第一次工业革命，需要不断地开拓市场，交通运输的重要性被商人们发现了。英国人约翰·马卡丹设计出世界上第一条标准的道路：用碎石铺路，路中间偏高，像屋脊一样，两边开掘出水沟，方便路面排水。这是道路修筑史上的一项重要发明，不久被世界各地推广。人们为了纪念马卡丹，把用这种方法修筑的道路叫“马路”。哦，原来马路这一名称并不是简单地表示这是让马车走的路，而是为了纪念一位发明家呢。

19 世纪，欧美等发达国家开始修筑大型的碎石公路。随着汽车的发明，又出现了在碎石上铺设沥青的路。20 世纪，由于水泥的发明，世界上才开始大规模地修建水泥公路。至此，条条大路像纽带一样把城乡连接起来，各式各样的车把人类载向远方。

中国的公路

中国自古有驿路、驿站。河北省石家庄附近，就有一条秦始皇时期的古驿道。这条古驿道已有 2000 多年的历史，现在还能看到秦代留下的车辙。中国第一条可通行汽车的现代化公路，是 1906 年铺设的广西龙州至镇南关（今友谊关）的公路。

我国把公路按行政等级分为国家公路、省公路、县公路、乡公路、村公路，简称“国道”“省道”“县道”“乡道”“村道”。我们一般把国道和省道称为“干线”，县道和乡道称为“支线”。

20 世纪下半叶，我国城市中的公路基本上是水泥公路。不过，水泥公路使用时间长了容易破损，出现粉尘污染。近年来，许多城市和乡村都把水泥路改造成优质的沥青路面。

秦代古驿道

想一想 车辆究竟应该靠左行驶，还是靠右行驶？

有人说：

世界上许多国家，如中国大陆、俄罗斯、美国等都规定，车辆必须靠右行驶。我国是1946年规定车辆靠右行驶的。

还有人说：

世界上许多国家，如英国、印度、日本、澳大利亚等都规定，车辆必须靠左行驶。这种交通规则，受中世纪欧洲人出行习惯的影响。

小博士说

这两种情况都有，如果你答对了，那么恭喜你。18世纪后期，开始有了6匹或8匹马拉的大货车，赶车人习惯用右手执马鞭。如果两车相遇，路很狭窄，车夫向右移开车辆更方便行驶。19世纪，许多国家规定车辆靠右行驶。有的国家车辆靠左行驶，是因为中世纪的欧洲人从左侧上马下马，骑士喜欢靠左行。1772年，英国立下了车辆靠左行驶这项法规。19世纪后，这项法规传到了印度、日本等国并沿用至今。

2. 跨越江河湖海的桥梁

“小桥流水人家”不仅是散曲小令，也是风景。这是元代戏曲作家马致远《天净沙·秋思》里的句子。那么，元代以前有桥吗？

其实，在人类历史上，有水就有桥。人类喜欢择水居住，因此出行的路上遇水必然要架桥。最古老的桥，当属独木桥。在路的尽头遇上了溪流，搭起一根横木，让脚小心翼翼地踩着通过。咦，这就是最原始的桥啦。据文献记载，我国在西周时期就有桥了。

秦汉时期，古人不仅发明了建筑材料“砖”，还创造了用砖石建造的拱券结构，为拱桥的出现创造了条件。从一些历史文献和考古资料来看，大约在东汉时期，古代桥梁的四大基本桥型——梁桥、浮桥、索桥和拱桥已全部形成。

隋唐宋时期，我国古代桥梁发展到了鼎盛时期。隋代工匠李春首创的敞肩式石拱桥——赵州桥最为出名。即使经历了 1400 多年的风雨，河北赵县城南的赵州桥仍卧在洨河上。这座桥，也被写进我们的

赵州桥

小学语文课本。结合课文，再读这篇故事，会有不一样的收获哦。

古代的赵州，位于我国南北交通要道。但是城南的一条大河严重影响了人们的生活，特别是春夏季节，大雨滂沱，波涛汹涌，人们只能望河兴叹……当地的官府曾组织一些工匠在这里修建桥梁，可是，没有一次能建成的。由于河面太宽，每年工匠们只能趁秋冬季节施工，可是，等桥墩修好了，春天的一场大水就把桥墩冲得无影无踪了。这让官老爷们很头疼。这时，有人推荐当时著名的工匠李春来完成这个工程。

面对这个棘手的工程，李春没有退缩，没有畏惧。他想：这才是考验自己的时候呢！

李春来到赵州的第二天，就到现场进行考察和调研，走访当地的老百姓，了解汛情和水流特点，搜集了建桥的第一手资料。同时，他广泛听取当地建桥工匠的建议，分析他们在建桥上的心得——成功的经验与失败的教训。

“河这么宽，河水又这么急，在这上面建桥不是容易的事啊！”有一天，李春把当地的一些能工巧匠找到了一起，笑着说：“各位能不能为我想想办法呢？”

“想办法？有什么办法可想？”

“有办法还用请你吗？”

“怎么？你也被难倒啦？”

大家七嘴八舌地议论道。李春清了清嗓子，大声说：“依我看，在这儿建桥，必须建没有桥墩的桥。”

“对，建没有桥墩的桥。”

“是啊，我们怎么就没想到！”

一石激起千层浪，工匠们齐声附和。

李春说出了自己通过调研得来的想法，因为这儿水太急，河又太宽，最好是建一座没有桥墩的拱形石桥，把两端架在岸上。

可是，也有人好心地向李春提出建议：“桥那么重，不建桥墩，两岸能承受住吗？要是受不住，造好的桥也会塌掉的。”

李春听了，又陷入沉思。他想：能不能承受住，需要试一试才知道呀！

有一天，李春请几个人扛来几块大石头，把它们一块块地垒在河边，看看河岸到底塌不塌。

几天以后，巨石所在的河岸一点儿也没有塌陷的迹象。事实证明，李春的办法是可行的。

“太好了！这河岸的土质结实耐压，完全可以承受桥身的重量。想想看，附近的房子也是不打地基的呀！”

李春的话让在座的工匠恍然大悟。

随后，李春画好了桥的施工图纸，并亲自指挥建设。后来，赵州桥终于建成了。这座桥全长64.4米，桥面宽约10米，净跨径为37.2米。它是当时世界上跨度最大的单孔石拱桥。赵州桥两端各有两个拱形小桥洞，既能节约造桥的材料，减轻桥身的重量，又便于排洪水，还增加了美观度。这种“敞肩式”设计，是中国人首创的呢。赵州桥经历了多次水灾、战乱和地震，现在依然保存完好，体现了中国古代工匠的聪明才智。

南京长江大桥

现在，我国的建桥水平日新月异，在世界上赫赫有名。迄今为止，我国已建成300多座长江大桥，实现了“天堑变通途”的目标。此外，港珠澳大桥、平潭海峡公铁大桥等多座具有世界先进水平的桥梁建成，多项桥梁建设的世界纪录被刷新，中国建桥水平已领先世界。在千千万万中国桥梁人的努力下，“中国桥”已成为一张亮丽的国家名片。

知识链接 中国著名的古桥

洛阳桥，位于福建省泉州市东北洛阳江上，是著名的跨海梁式古石桥，始建于宋朝，之后经历多次损毁和修建。古代工匠在建桥时，创造性地用牡蛎胶结桥梁的基础，这种方法是中国人首创。

洛阳桥

卢沟桥，位于北京市丰台区永定河上，建成于1192年，是北京市现存最古老的石造联拱桥。桥上有485个雕刻的石狮子，形态各异，值得一看。桥东附近的宛平城，是1937年“卢沟桥抗战”的始发地。

卢沟桥

广济桥，又称湘子桥，位于广东省潮州市，横跨韩江，集梁桥、浮桥、拱桥于一体。广济桥始建于南宋，之后经过多次修缮。广济桥被桥梁专家茅以升誉为“世界上最早的启闭式桥梁”。

广济桥

泸定桥位于四川泸定大渡河上，建成于1706年。它是中国现存的古老铁索桥之一，也因红军长征时“飞夺泸定桥”而闻名于世。

泸定桥

知识链接 让世界瞩目的港珠澳大桥

港珠澳大桥由粤港澳三地共同建设，位于珠江入海口的伶仃洋海域，连接香港、珠海、澳门。大桥全长55千米，包含22.9千米的桥梁工程和6.7千米的海底隧道。隧道由东、西两座人工岛连接。大桥工程于2009年12月开工建设，2018年10月正式通车。

港珠澳大桥刷新7项世界桥梁建设纪录，因其超大的建筑规模、空前的施工难度，以及顶尖的建造技术而闻名世界，被英国《卫报》誉为“新世界七大奇迹”之一。

港珠澳大桥九洲航道桥建设中，在限制高度的情况下，桥梁工程师采用首创的“竖转”技术，让1000多吨重的“风帆”桥塔归位，真了不起啊！

港珠澳大桥桥址横穿中华白海豚栖息区。中华白海豚是国家一级保护动物。为了保护它们，桥梁建设者采用了很多先进技术，确保不对白海豚的生活环境造成任何污染。

港珠澳大桥

3. 铁路，在隆隆声中飞速发展

人类总想跑得更快，随着火车出现，铁路也出现了。最早的铁路其实是“木路”，因为世界上最原始的轨道是木材轨道。即使有了钢材以后，由于钢材的稀缺，支撑铁轨的仍是一根根枕木。

古希腊是第一个拥有路轨的国家，约2000年前已有马拉的车沿着轨道行驶。直至17世纪，英国人才铺设木头做的马拉矿车专用轨道，即“木路”。到了18世纪，英国人开始把木轨道换成铁轨。经过不断改进，铁轨才发展成现在的钢制轨道，但仍被称为“铁轨”。

19世纪30年代，英国率先掀起修筑铁路的热潮，仅1836年，英国国会就批准兴建25条新铁路。到了1860年，英国铁路总里程达16093千米，率先在全国形成现代的铁路网。随后，美国、法国、德国、俄国等国家相继大修铁路。铁路的类型也在不断增加，有单轨铁路、气垫铁路、磁悬浮铁路等。

1949年后，我国的铁路建设也突飞猛进，铁路成为我国主要的交通工具之一。进入21世纪，我国进入高铁时代，以大城市为中心的“1小时交通圈”渐渐形成。轨道逐渐升级，不变的只有隆隆的声响，日夜不停地唱着时代欢歌。

知识链接 我国重要的铁路线

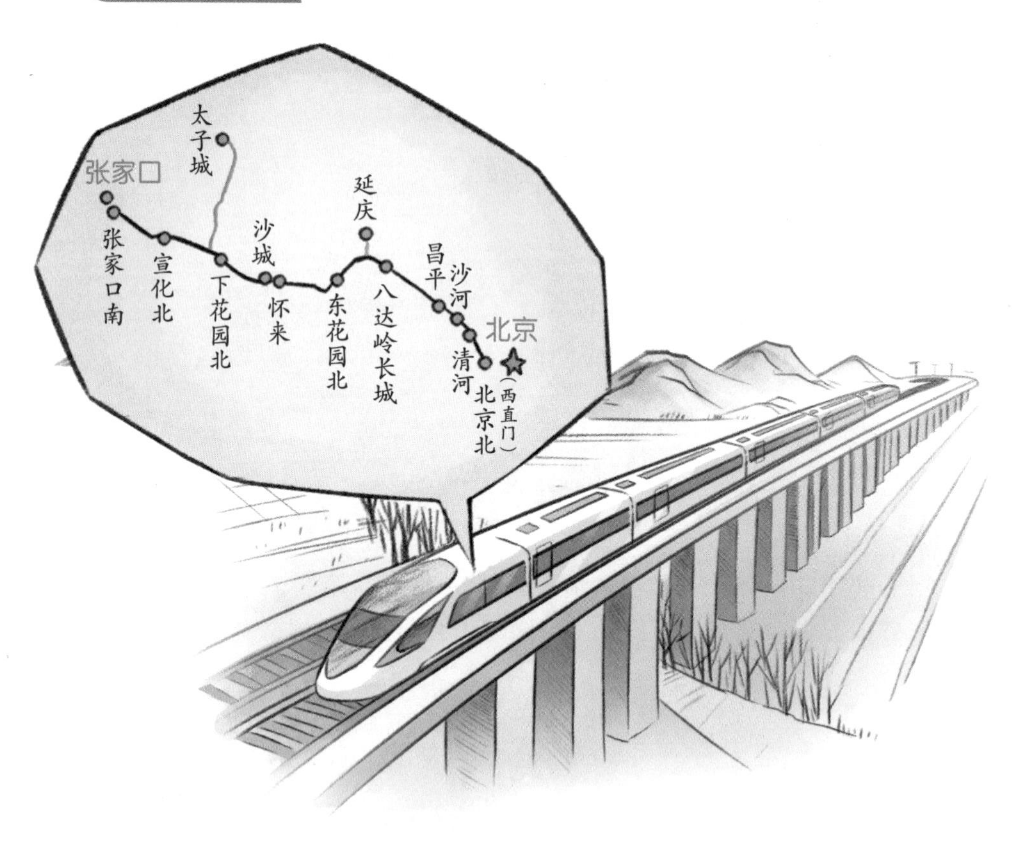

京张铁路是中国人自主修建的第一条铁路，全长约 201 千米，始建于 1905 年，建成于 1909 年，是由著名工程师詹天佑主持修建的。2019 年，京张高铁通车。京张高铁是中国第一条采用自主研发的北斗卫星导航系统、设计速度 350 千米 / 时的智能化高速铁路，也是世界上第一条穿越高寒、大风沙地区的高速铁路。新老京张铁路的百年后“握手”，见证了中国铁路的飞速发展。

2010 年 7 月 1 日，沪宁高铁开通，全长约 301 千米。它成为当时我国乃至世界上标准最高、里程最长、速度最快的一条城际铁路，原本需要 2.5 小时的路程缩短至 1 小时 13 分钟。

2011 年 6 月 30 日，从北京南到上海虹桥的京沪高铁开通，全长约 1318 千米，设计速度达 350 千米 / 时。

2016 年 7 月，我国发布了《中长期铁路网规划》，勾画了新时期“八纵八横”高速铁路网的宏大蓝图。“八纵八横”指按照这一规划，我国东西、南北方向将各建成八条高速铁路通道。

想一想 青藏铁路建设遇上了哪些“怪事”？

遇上“缺氧”。青藏铁路沿线自然条件恶劣，人烟稀少，是名副其实的“生命禁区”，空气中含氧量只有约 20%。为解决含氧量低这一问题，铁路沿线建立了 17 座制氧站，配置了 25 个高压氧舱，4 万名职工每人每天平均强制性吸氧不低于 2 小时。由于保障有力，没有施工人员死于高原病的情况。

遇上“冻土”。青藏铁路穿越多年冻土地区。冬天，冻土体积

膨胀；夏天，冻土融化，体积缩小。由于这两种现象的反复作用，路基就会破裂或塌陷。专家们创造性地解决了冻土施工难题，通过多项创新性设施，提高了冻土路基的稳定性。

小博士说

青藏铁路是我国实施西部大开发战略的标志性工程，东起青海省省会西宁，西至西藏自治区首府拉萨，全长1952千米。该铁路1957年开始勘测修筑，2006年7月全线正式通车。它创造了九个“世界之最”：海拔最高的火车站、海拔最高的铁路铺架基地、最长的高原冻土隧道、海拔最高的高原冻土隧道、最长的高原冻土铁路桥、线路最长的高原铁路、海拔最高的高原铁路、高原冻土铁路最高时速、冻土里程最长的高原铁路。其中格尔木至拉萨段沿途经过海拔4000米以上的地段有960千米，翻越唐古拉山的铁路最高点海拔5072米。

4. 地铁：地下飞驰的“巨龙”

《封神演义》里有一个人物叫土行孙，他可以钻进地下畅行无阻。而现实生活中，只有在天然的山洞和人工隧道里，人类的双脚才能自由行走。现在，许多大城市的地铁在不见天日的地下行驶，这是一百多年前不敢想象的事。

那么，请你想一想，人类什么时候把铁路修到了地下？是哪位最先萌生了这样大胆的想法？

早在 19 世纪中叶，英国伦敦的交通要道常常发生拥堵现象，极大地影响了人们的工作和生活。当时，有一位名叫查尔斯·皮尔逊的律师，每天不知要处理多少交通拥堵引起的纠纷，非常苦恼。

“唉，怎样才能改善这种状况呢？”他自言自语。

皮尔逊曾经向伦敦的政府部门反映过这种情况，政府部门对此也忧心忡忡，可又无可奈何。可是，他自己也想不出什么好的办法。这个问题一时间成了市民关心的热点，也是政府要解决的难点。

皮尔逊是一个很执着也很善于思考的人。他想：要改变城市的交通状况，首先要提高人的流动速度。那么，怎样才能解决这个问题呢？

有一天，他把办公室里的文件整理了一下，顺便打扫卫生。他把墙角边存放已久的箱子搬开，发现有个老鼠洞，这个洞一直通到墙外。他立即产生了兴趣，心想：聪明的老鼠白天不敢在地上活动，就在地下活动。那么，火车为什么不能像老鼠一样在地下行驶呢？想到这儿，他激动不已。

1843 年，皮尔逊便向伦敦政府提出修建地下铁道的建议。由于种种原因，直到 1853 年，政府才采纳了他的建议，并组织人力修建了一条长 6 千米的地铁。后来，经过几百名工人的不懈努力，1863 年 1 月，世界上第一条真正的地铁在伦敦建成通车。当时的列车由蒸汽机车牵引。

1890 年 11 月，世界上第一条电力驱动的地铁线路在伦敦开通。这种列车，既污染少，又速度快，深受人们的欢迎。

随后，世界各国相继建设地铁：1900 年，法国巴黎开通第一条地铁；1927 年，日本东京开通了亚洲第一条地铁；1969 年 10 月 1 日，我国的第一条地铁在北京建成通车……

今天，地铁在我们的眼里已经习以为常，人类在地下穿行根本不在话下，每个人都称得上“土行孙”。至此，人类关于双脚的那些美梦都逐一化为现实，从地上到地下，到海洋，再到天空……那么，是不是脚的旅程就会告一段落？ 不会。即使人类再会“偷懒”，可大脑是勤奋的，思维的触角伸到哪儿，人类发明创造的脚步就会到达哪儿，信不信由你哦！

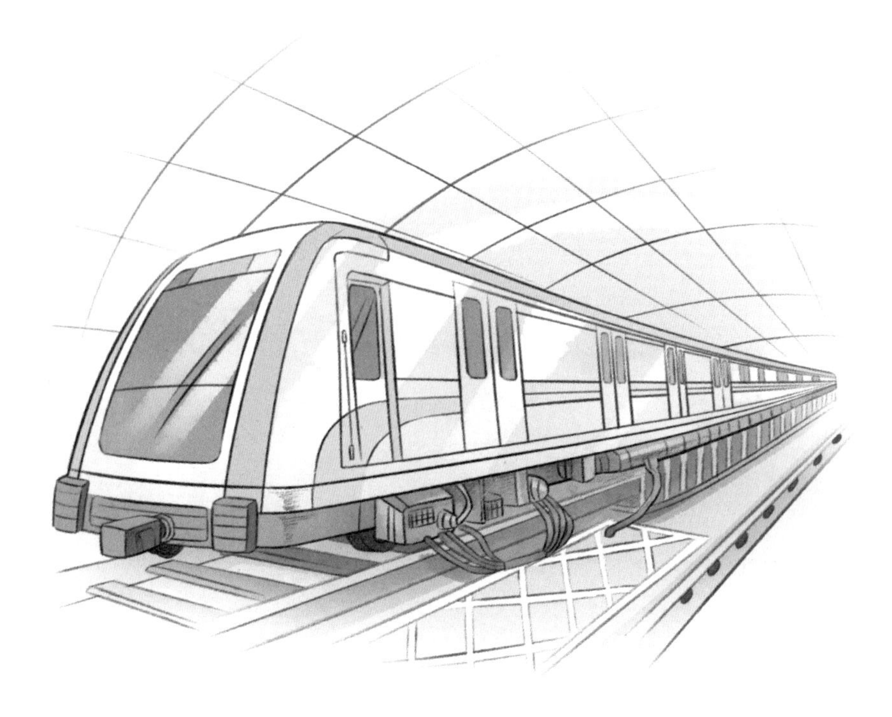

知识链接 伦敦第一条地铁趣闻

伦敦市在修建第一条地铁的过程中，遇到了种种麻烦。首先是市民们极力反对，他们认为这种地下铁道不安全，会危害房屋等；其次是施工时，遇到的难度也特别大，比如地下渗水时，要把水排掉，碰到大石头时，要把它炸掉，等等。

伦敦的这条地铁的列车是由蒸汽机车牵引的，车厢内是用煤气灯照明的。蒸汽机排出的水蒸气、燃料燃烧产生的烟雾、煤气灯泄漏的煤气全部聚集在隧道里，因此隧道里整天烟雾弥漫，气味十分难闻。

为了排出烟雾，伦敦政府组织施工人员在隧道的顶部开了一个个小孔，使烟雾终于有了出口，隧道里的空气不再那么污浊。

隧道里的空气变好了，可是，孔道里冒出的滚滚浓烟常常把马路上的马匹吓得狂奔乱跳，引起车祸，造成交通事故。哎，今昔对比一下，你会不会有很多感想？

思维训练营

读完本书，你还知道哪些和脚相关的发明创造？它们背后有哪些发明家和故事？了解一下，写下来。